나무의 말

나무의 말

2,000살 넘은 나무가 알려준 지혜

레이첼 서스만 지음
김승진 옮김

•

사진 편집
크리스티나 루이즈 코스텔로
인포그래픽
마이클 포크너

윌북

the oldest living things in the world

매들린과

애비게일을 위하여

미래에 대한 희망을 담아

왜소해지는 것에 대한 두려움을 버리고 나면 깨닫게 된다.
시간과 공간과 잠재성의 면에서
인류가 꾸며온 앞무대를 한없이 작아 보이게 만드는
거대하고 장엄한 우주의 문턱에 우리가 서 있다는 것을.

칼 세이건

•

모든 사진은 죽음을 상징한다.
사진을 찍는다는 것은 다른 사람의 (혹은 다른 사물의)
필멸성, 취약성, 비항상성에 가담하는 것이다.
어느 한 순간을 잘라내 동결시킴으로써
모든 사진은 오히려 시간의 가차 없는 흐름을 증거한다.

수전 손택

차례

서문

우리가 아는 세상 • 11

에세이 I

미래는 과거에서 온 조각들로 만들어진다 | **한스 울리히 오브리스트** • 16

에세이 II

생물종 간의 수명 다양성에 대하여 | **칼 짐머** • 21

생물 위치 지도 • 24

들어가는 글 • 26

북아메리카

001 자이언트 세쿼이아 • 42

002 브리슬콘 파인 • 50

003 크레오소트 관목 • 60

004 모하비 유카 • 66

005 꿀버섯 • 74

006 박스 허클베리 • 84

007 파머 참나무 • 90

008 판도 • 100

009 상원의원 나무 • 108

010 지도 이끼 • 114

린네의 분류표 • 126

남아메리카

011 야레타 • 130
012 알레르세 • 140
013 뇌산호 • 148

유럽

014 포팅갈 주목 • 158
015 100마리 말의 밤나무 • 164
016 포시도니아 해초 • 172
017 올리브 나무 • 180
018 가문비나무 • 188

'심원한 시간'의 연표 • 196

아시아

019 조몬 삼나무 • 206
020 스리마하 보리수 • 210
021 시베리아 방선균 • 220

아프리카

022 바오밥 나무 • 228
023 지하 삼림 • 240
024 웰위치아 • 244

호주

025 남극 너도밤나무 • 256
026 타즈마니아 로마티아 • 266
027 휴언 파인 • 272
028 유칼립투스 : 뉴사우스웨일스 주 • 280
유칼립투스 : 웨스턴오스트레일리아 주 • 280
029 스트로마톨라이트 • 292

남극

030 이끼 : 엘리펀트 섬 • 304
이끼 : 사우스조지아 섬 • 304

생장 전략 • 322

아직 가지 않은 길 • 324

감사의 말 • 327

연구자들, 안내인들, 손님들, 그리고 "조금씩 헤치고 나아가는" 방법 • 330
용어 설명 • 334
찾아보기 • 336

우리가 아는 세상

빅뱅 이후 지구가 형성되기까지 90억 년의 시간이 필요했다. 지구에 최초로 생명의 징후가 나타나기까지는 그로부터 다시 10억 년쯤 더 있어야 했다. 이때도 지구는 우리가 알아볼 수 없을 만큼 지금과 다른 모습이었다. 대륙도 없었고, 숨 쉬기에 충분한 산소도 없었다. 광합성으로 대기에 산소를 공급해서 후에 오게 될 모든 생명체의 터를 닦은 것은 스트로마톨라이트였다. 물론 여기에도 많은 시간이 걸렸다. 스트로마톨라이트는 살아 있는 생물학적 물질과 살아 있지 않은 지질학적 물질이 섞인 독특한 형태인데, 현재 생존해 있는 것 중 최고령은 2,000~3,000살가량으로 추정된다. 이들은 여전히 35억 년 전 그들의 조상이 살았던 것과 비슷한 방식으로 살아간다.

『나무의 말 : 2,000살 넘은 나무가 알려준 지혜』는 다양한 학문 영역, 여러 대륙, 그리고 수천 년 단위의 시간을 넘나든다. 예술이면서 과학인 이 프로젝트는 환경 문제와도 뗄 수 없으며 심원한 시간으로의 실존적 여행을 수반한다. 나는 과학자들의 도움을 받아 세계 곳곳에서 2,000살 넘은 생물을 촬영했다. 이 사진들은 현재를 살아가는 생명체가 담고 있는 과거의 이미지인 동시에 인간의 통상적인 시간 개념을 훨씬 넘어선 시간 영역으로 우리를 연결시켜주는 생물들의 초상화다. 이 작업은 추상적으로만 여겨지는 숫자로부터 살아 있는 생명체를 꺼내와 보여준다. 그리하여 우리는 심원한 시간과 마주하게 된다. 우리 머리로 생각할 수 있는 시간 틀의 한계를 넘어야 하는 어려움이 있지만, 수천 년에 걸친 한 생명체의 삶을 1초도 안 되는 시간에 담아내는 사진이야말로 상이한 시간 개념들 사이의 긴장을 포착할 수 있는 이상적인 매개체다.

수천 년 이상을 버텨온 오랜 생존자들은 지구 곳곳의 척박하고 험한 장소에서 빙하기, 지각 변동, 인간의 확산과 같은 환경 변화를 겪어냈다. 이들 중에는 얼떨결에 밟고 지나가기 쉬울 만큼 작은 생물도 있고 경외감으로 입이 떡 벌어질 만큼 큰 생물도 있다. 나는 100년에 1센티미터씩 자라는 그린란드의 지의류, 아프리카와 남아메리카에서만 자라는 독특한 사막 관목, 미국 오리건 주의 포식성 균류, 카리브 해 연안의 뇌산호, 미국 유타 주의 8만 년 된 사시나무 군락 등 30종의 생물을 사진에 담았다. 5,500살 된 이끼를 찾으러 남극에 갔고, 4만 3,600살 된 관목을 찾으러 타즈마니아에도 갔다. 타즈마니아에 있는 이 관목은 자기 복제 방식으로 번식하는 무성 번식 관목인데, 이 생물종 중 살아 있는 유일한 개체라 이론상으로는 불멸인 동시에 심각하게 멸종 위기인 생물이다.

이 책에 담긴 고령 생물들은 인류 역사 전체를 목격했다. 인류 문명의 탄생을 말해주는 메소포타미아의 바퀴와 설형문자는

5,500년 전에 나왔는데 엘리펀트 섬에 있는 남극 이끼의 나이가 그 정도 된다. 이보다 오래 산 생물은 인류의 기준으로 보자면 모두 선사시대에 태어났다. 미국 캘리포니아 주 리버사이드의 산업지대에 살고 있는 파머 참나무는 1만 3,000살로, 이제는 공상과학소설에 등장할 법한 자이언트 콘도르, 마스토돈신생대 제3기에 번성했다가 멸종한 동물로 코끼리와 비슷함-옮긴이, 스밀로돈(검치호랑이), 북미낙타(한때 북미에도 낙타가 살았다) 등이 멸종해가는 것을 지켜보았다. 현생 인류인 호모 사피엔스와 가장 가까운 종으로 추정되는 호모 플로레시엔시스가 멸종한 것은 1만 7,000년 전이다. 별로 오래된 일도 아닌 것이다.

생물학적 시간보다는 아예 지질학적 시간 단위에 더 잘 들어맞는 생물도 있다. 관목, 무성 번식 삼림, 해초, 박테리아 중에는 마지막 빙하기보다 수만 년 먼저 태어난 것도 있으며 인류가 등장하기 전에 태어난 것도 있다. 예를 들면, 현재 호주 퀸즈랜드 주에 서식하는 남극 너도밤나무는 원래 남극에 살았다. 그러니까 남극 기후가 더 온화했던 1억 8,000만 년 전에 말이다. 곤드와나 초대륙이 갈라지고 남쪽의 기온이 내려가면서 남극 너도밤나무들은 더 살기 좋은 기후를 찾아 북쪽으로 이동했다. 원래의 서식지가 사라지고 있었고 그대로라면 죽게 될 것이 틀림없었다. 그래서 남극 너도밤나무는 오늘날의 기후 난민처럼 새로 정착할 곳을 찾아야 했다. 살던 터전을 버리고 새 땅에 정착하는 것은 사람에게도 쉬운 일이 아닌데 '나무'가 그런 여정을 밟으려면 몇 세대에 걸쳐 얼마나 큰 끈기와 협력이 필요했을지 상상해보라. 그래도 나무는 우리가 생각하는 것보다 훨씬 더 많이 자신의 의지로 이동할 수 있다.

한 뿌리 한 뿌리씩, 남극 너도밤나무들은 자신이 가야 할 방향을 향해 움직였다. "아직 다 못 왔나요?" 살아남은 자손 중 가장 나이가 많은 것은 1만 3,000살이다.

생명 활동이 중단된 적 없이 지속적으로 살아온 최고령 생물은 무엇일까? 학계에서는 영구 동토대의 지하에 사는 시베리아 방선균을 최고령 생명체로 보고 있는데, 40만~60만 살로 추정된다. 시베리아 방선균 군락지는 행성 생물학 연구팀이 발견했다. 이 연구팀은 다른 행성에 생명체가 존재할 가능성을 알아보기 위해 지구상에서 생명체가 서식하기에 가장 부적합해 보이는 장소들을 조사하는 중이었는데, 시베리아 영구 동토대에 사는 박테리아가 놀랍게도 영하의 기온에서 DNA 복구를 한다는 것을 발견했다. 이 박테리아들은 동결 상태로 있었던 게 아니라 수십만 년 동안 살아 있으면서 꾸준히 생장해온 것이다.

유기 생명체가 '지질학적' 시간 단위를 살아간다는 것은 어떤 의미일까? 그러한 생명체에 대해 이야기할 때, 우리는 심원한 시간과 일상의 시간 사이를 자연스럽게 넘나들게 된다. 이 생물들은 살아 있는 고대 문서다. 자기 몸에 자신의 다층적인 역사를 품고 있을 뿐 아니라 자연사적인 사건들과 인간사적인 사건들도 담고 있다. 한 해 한 해, 한 세기 한 세기, 한 밀레니엄 한 밀레니엄이 지나면서 옛 이야기 위에 새로운 장이 켜켜이 쓰였다. 심원한 시간의 틀로 이 생명체들을 바라보면 큰 그림이 떠오른다. 우리는 이들이 층층이 품고 있는 이야기들을 생각해보게 되고, 그 이야기들이 서로 연결되어 있다는 것을 알게 되며, 그것들이 다시 우리와도 뗄 수 없이 연결되어 있음을 깨닫게 된다.

고령 생물들은 어떻게 해서 이렇게나 오래 살 수 있었을까? 그리고 왜 이렇게나 오래 살게 되었을까? 과학계가 개체 수준에서는 일부 답을 알아냈지만, 생물종 간의 수명을 비교 분석하는 것은 너무나 새로운 분야라 아직 하나의 학문 분과로 존재하지 않는다. 이를테면 고령 생물이 보여주는 생명의 지속력이 인간 수명에도 적용될 수 있을지, 있다면 어떻게 적용될 수 있을지 등에 대해 우리는 아직 알지 못한다.

책에 등장하는 초고령 생물들이 불멸에 도전하는 것처럼 보이지만, 지난 5년 사이에 이들 중 둘이 생명을 잃었다. 나는 유네스코가 이들을 보존해야 할 유산으로 지정해주었으면 좋겠다. 이들은 마땅히 우리의 존중과 관심을 받아야 할 가치가 있다. 그리고 아직 싸울 기회가 남아 있을 때, 기후 변화에 대처하기 위해 우리 모두 적극적으로 나서야 한다. 기후 변화는 이제 부인할 수 없는 전 지구적 위협이며, 이 생명체들은 인간 사회를 구분 짓는 것들을 모두 초월하는 지구적 상징이다.

세상에서 가장 오래 살아남은 생명체들은 과거의 기념이자 기록이고, 현재의 행동을 촉구하는 목소리며, 미래를 가늠하게 해주는 지표다.

미래는 과거에서 온 조각들로 만들어진다

한스 울리히 오브리스트(미술 비평가)

존 브록만은 매년 석학들에게 '엣지 질문'을 던지는데, 2013년의 엣지 질문은 '우리가 마땅히 걱정해야 하는 일은 무엇인가'였다.

나는 '소멸'이라고 대답했다.

세계화로 인한 사회, 문화, 언어 다양성의 소멸처럼 오늘날 우리는 여러 측면에서 소멸에 직면해 있다. 그리고 소멸은 현재 생태계가 심각하게 겪고 있는 문제기도 하다. 동물종과 식물종의 소멸은 매일, 매시간 일어난다. 과학자들은 인류 문명의 소멸, 심지어는 인간종 자체의 소멸 가능성도 점점 더 진지하게 논의하고 있다. 천문학자 마틴 리스는 저서 『Our Final Hour(우리의 마지막 시간)』(2003)에서 인류 문명이 앞으로 100년 이상 생존할 수 있을지에 대해 의문을 제기했다.

소멸에 대한 전망은 인문학 분야에서도 논의되고 있다. 철학자 레이 브레시어는 인간이 결국에는 소멸한다는 명제가 철학에서 매우 중요한 주제라고 말한다. 그는 이 사실이 인간 존재가 궁극적으로 무의미하다는 뜻이라고 본다. 따라서 그에 따르면 철학이 할 일이란 그 기본적인 통찰에서 나오는 허무주의적 시사점을 온전히 받아들이고 그 의미를 따라가는 것뿐이다. 저서 『Nihil Unbound(속박이 풀린 공허)』(2007)에서 브레시어는 이렇게 말했다. "철학은 긍정을 위한 매개체도 아니고 정당화를 위한 원료도 아니다. 오히려 철학은 소멸을 고찰하기 위한 수단이다." 이 책에서 그는 자연이 딱히 인간만 특별하게 여기지는 않으며 생물종으로서의 인류는 지구의 관점에서 보면 아주 짧은 순간만 존재할 뿐이라는 냉혹하지만 분명한 사실을 직시하자고 주장한다. "인간의 정신과는 독립적인 실재가 존재하며 그 실재는 인간의 자기애적인 가정과 달리 인간 존재에 대해 관심이 없다. 또한 그 실재는 세상을 조금이나마 살기에 우호적인 환경으로 만들기 위해 인간이 만들어놓곤 하는 '가치'라든가 '의미' 따위를 전혀 감지하지 못한다. 이를 현실적으로 받아들일 때 허무주의는 필연적으로 도출되는 결론이다." 물론 대부분의 사람들은 이 정도까지 절대적인 허무주의로 가지는 않을 것이다. 우리의 사고가 도달할 수 있는 다른 곳들도 있다.

예를 들면, 예술가 구스타프 메츠거는 소멸을 주제로 작품 활동을 해왔다. 방대한 신문 아카이브로 만든 작품에서 그는 끊임없이 벌어지는 수많은 작은 소멸들은 인간 역시 소멸하리라는 점을 계속해서 가리킨다고 지적했다. 소멸을 주제로 다룬 신문기사들을 다시 보여주면서 메츠거는 소멸이 일상적으로 발생한다는 명백한 사실에 대해 인간이 집단적으로 가져온 체념의 태도, 그리고 최근 소멸을 가속화시키는 기후 변화에 대한 인간의 무능함에 문제를 제기한다. "사람들은 지구 온난화에 대해 체념하고 그냥 적응하려는 태도를 보인다." 메츠거가 60년이 넘는 작품 생활 내내 지적한 대로, 전지구적 자본주의의 전진은 지구와 지구 자원에 되돌릴 수 없는 영향을 미쳤다. 그리고 그러한 영향이 우리의 통제 범위를 넘어 눈덩이처럼 커지면서 생존의 어려움과 소멸의 전망은 그 어느 때보다도 절박한 주제가 되었다. 생물종들과 생태계의 운명, 그리고 인류의 운명은 균형 잡기에 달려 있으며, 지구의 환경 훼손을 막기 위해 전 세계가 긴급하게 행동에 나설 기회는 여러 번 주어지지는 않는다. 이전의 그 어느 때보다도 오늘날, 우리는 소멸에 대해 걱정해야 한다.

이 책에서 레이첼 서스만은 '소멸'을 논할 때 흔히 생각하는 초점의 반대편에서 접근한다. 소멸한 생명체가 아니라 아주 오래 살아남은 생명체를 찾아 나선 것이다. 서스만은 적어도 2,000년 이상 살아온 생물들을 보여주면서(그보다 '어린' 생물은 이 프로젝트에 포함되지 않았다) 소멸에 대한 일반적인 두려움에 대비되는 무언가를 보여준다. 2,000살을 최저 연령 기준으로 제시함으로써 '과거'에 대한 우리의 시간 감각을 완전히 다른 차원으로 확장시키는 것이다. 현대 사회를 살아가는 우리에게 이는 특히나 의미 있는 지점이다. 에릭 홉스봄은 현대 사회의 특징을 이렇게 설명한 바 있다. "현대 사회는…… 본질적으로 과거에 대한 인식이 없는 채로 작동한다. 일반적으로 현대 사회에서는 문제에 대한 해결 방법을 생각할 때 과거를 고려하지 않는다." 하지만 홉스봄은 그런 현대 사회에서라 할지라도 "인간과 사회에 과거가 상관없을 수는 없다"고 지적한다. 그는 "모든 사람은 과거(개인의 과거와 사회의 과거)에 뿌리를 두고 있으며, 그것을 알고 있고, 관심을 가지고 있다"며 과거 인식의 중요성을 강조했다. 그가 말하듯이 "과거에 무슨 일이 있었는지를 잊으면 똑같은 실수를 계속 되풀이하게 될 것이다."(o32c 매거진 17 (2009년 여름), http:o32c.com/2009/eric-hobsbawm, 2013년 9월 1일 이 사이트에서 발췌함.)

그래서 홉스봄은 '망각에 대한 저항'을 촉구한다. 고령 생물들을 찾아 나선 서스만의 예술 프로젝트가 담고 있는 바가 이것이다. 왜 소멸의 위협에 직면한 것만 이야기하는가? 방대한 시간을 살아남은 것들이 있음은 왜 기억하지 않는가? (하지만 이 책에도 나오듯 방대한 시간을 살아남았다고 해서 고령 생물들이 현재 소멸의 위협에 처해 있지 않다는 말은 아니다.)

서스만은 예술과 과학의 접점에서 활동하는 예술가다. 이 프로젝트도 고령 생물을 연구하는, 심지어 그것들을 최초로 발견한 과학자들과 계속해서 연락을 주고받으며 진행했다. 세상의 초고령 생물들을 찾아 나선다는 주제로 작업한 개념 예술이지만, 다른 개념 예술과 달리 서스만의 프로젝트는 과학적 학술 연구와 밀접하게 관련돼 있다. 서스만이 전 세계의 실증 연구 현장에서 많이 보았듯이, 새로운 과학 문제를 탐구할 때는 과학적인 리서치를 위해 미학적인 묘사를 잠시 제쳐두어야 하는 경우가 있다.

서스만은 예술 프로젝트에 과학적 방법론을 활용하는 것에만 그치지 않고 각 생물의 사진, 도표, 지도 등으로 구성된 독특한 아카이브를 만들어냈다. 서스만의 취재에서 나온 결과물은 미래의 탐구에 기초 아카이브가 될 것이다. 세계의 초고령 생물은 과학적으로 엄밀하게 정의내릴 수 있는 범주는 아닐지 모르지만, 호기심, 따뜻한 마음, 심원한 시간에 대한 매혹, 그리고 탐험가의 용기로 정의내릴 수 있는 범주다.

서스만은 "예술가로서 내 역할은 답을 하는 것이기도 하지만 그보다 더 많은 질문들을 하는 것이다"라고 말한 바 있다. 나는 서스만이 세계 곳곳에서 답을 찾을 때마다 더 많은 질문들을 끄집어내리라고 확신한다.

생물종 간의 수명 다양성에 대하여

칼 짐머(과학 저술가)

복모 벌레를 안쓰럽게 생각하기는 쉬운 일이다. 복모 벌레는 볼링핀 같은 모양에 깨알만 한 크기의 무척추동물로, 강과 호수에 수백만 마리씩 떠다니며 사는데, 알에서 부화해 주둥이, 창자, 감각기관, 뇌를 갖춘 신체를 발달시키기까지 사흘밖에 안 걸린다. 이렇게 72시간 만에 성충이 되면 알을 낳고, 하루이틀 더 살다가 노화로 죽는다.

평생을 일주일에 우겨넣다니 자연의 잔인함을 보여주는 사례 같지만, 이는 우리가 수명을 몇십 년 단위로 생각하는 데 익숙하기 때문이다. 이 책에 나오는 장수 생물들이 인간을 본다면 아마 우리가 복모 벌레 대하듯 안쓰러워할 것이다. 인간 중 가장 장수했다고 기록되어 있는 장 칼망은 1875년에 태어나서 1997년에 숨졌다. 122년이라는 수명이 우리에게는 놀랍도록 길지만 1만 3,000살인 파머 참나무에게는 그냥 어느 한 해의 여름 휴가 정도로 짧은 시간일 것이다.

파머 참나무, 복모 벌레, 그리고 그 사이에 있는 모든 생물종은 다 진화의 산물이다. 진화 과정에서 수천만 종의 생물이 생겨나면서, 생명은 여러 가지 면에서 굉장한 다양성을 보이게 되었다. 수명이라는 측면에서도 생물들은 놀라운 다양성을 보인다. 자연선택이 파머 참나무에게 1만 년 이상을 허용했다면 왜 복모 벌레에게는 고작 일주일만 허용했을까?

1960년대부터 진화생물학자들은 생물이 나이가 들어가는 온갖 다양한 양상을 하나로 꿸 수 있는 설명을 찾으려고 노력해왔다. 가장 인정받는 이론은 '이것저것 다 하는 사람은 아무것에도 통달하지 못한다'는 격언을 빌어 이야기할 수 있다. 하나의 생명체는 유한한 양의 에너지만을 모을 수 있다. 영양을 잡아먹는 사자든, 햇빛에서 에너지를 얻는 튤립이든, 심해에서 쇠를 녹슬게 하는 미생물이든 모두 마찬가지다. 생물들은 그렇게 모은 에너지로 생장을 하고 자손을 만들고 병균에 대항하고 손상된 분자를 고친다. 하지만 에너지의 양에는 제약이 있다. 하나의 업무에 쓰이는 에너지는 다른 업무에는 쓰이지 못한다.

손상된 분자를 복구하고 병균을 막아내면 오래 살 수 있겠지만, 그러느라 후손을 거의 남기지 못한다면 유전자를 미래 세대에 전승할 수 없을 것이다. 성공적으로 세대를 이어오는 생물은 자신을 지키는 것보다 번식에 더 많은 에너지를 쓴 생물일 것이다.

에너지 제약 하에서의 이러한 균형은 왜 어떤 생물은 수명이 길고 어떤 생물은 수명이 짧은지 설명하는 데 큰 도움이 된다. 알

츠하이머 같은 노화 문제와 싸우는 방법에 대해 과학적 실마리를
얻는 데도 도움을 줄 수 있을 것이다. 하지만 이 이론만으로 생물
종 간의 다양한 수명을 완전히 설명하지는 못한다. 아마 생물종이
살고 있는 환경도 수명에 영향을 미칠 것이다. 어떤 환경에서는 삶
이 더 천천히 흘러갈 수도 있다. 어떤 생물은 다른 종들을 얽어맨
에너지 제약을 벗어나는 방향으로 진화할 수 있을지도 모른다. 이
런 생물은 에너지를 어느 쪽에 써야 할지 결정해야 하는 상충 관계
를 벗어나 더 오래 생존할 수도 있을 것이다.

수명에 대해 풀리지 않는 미스터리들을 생각하면 이 책에 실
린 생물종이 더 귀중하고 보호해야 할 생물로 여겨진다. 우리를 복
모 벌레처럼 느끼게 해주는 수천 살이 된 생물을 보는 것은 굉장한
경험이다. 하지만 1만 3,000살의 파머 참나무를 보면서 그 나무와
우리가 공유하고 있는 유대를 깨닫는 것, 그리고 어떻게 파머 참나
무와 우리가 이토록 다른 삶의 시간을 갖게 되었을지 생각해보는
것은 더욱 굉장한 경험이다.

생물 위치 지도

2,000~5,000살, 스코틀랜드 포팅갈
포팅갈
꿀버섯
2,400살, 유타 주 피시 호
지도 이끼
3,000살, 그린란드 남부
브리슬콘 파인
5,000살, 캘리포니아 주 화이트 산맥
자이언트 세쿼이아
2,000살 이상 된 개체 4그루, 캘리포니아 주 세쿼이아 국립공원과 킹스 캐니언 국립공원
박스 허클베리
1만 3,000살, 펜실베이니아 주 페리 카운티
판도
8만 살, 유타 주 피시 호
크레오소트 관목과 모하비 유카
1만 2,000살, 캘리포니아 주 모하비 사막
파머 참나무
1만 3,000살, 캘리포니아 주 리버사이드
상원의원 나무(현재는 살아 있지 않음)
3,500살의 낙우송. 2012년 2월에 필로폰 중독자 때문에 죽었음. 플로리다 주 세미놀 카운티
포시도니아
10만 살,
스페인 발레아라
레이오파테스 산호
4,265살, 하와이 인근의 심해
뇌산호
2,000살, 토바고 스페이사이드
야레타
3,000살, 칠레 아타카마 사막
웰위치아
2,000살, 나미비아 나미브-나우클루프트
알레르세 밀레나리오
2,200살, 칠레 로스 라고스
알레르세
칠레 파타고니아
사우스조지아 섬의 남극
2,200살, 사우스조지아 섬 카닌 포인트
엘리펀트 섬의 남극 이끼
5,500살, 남극 엘리펀트 섬

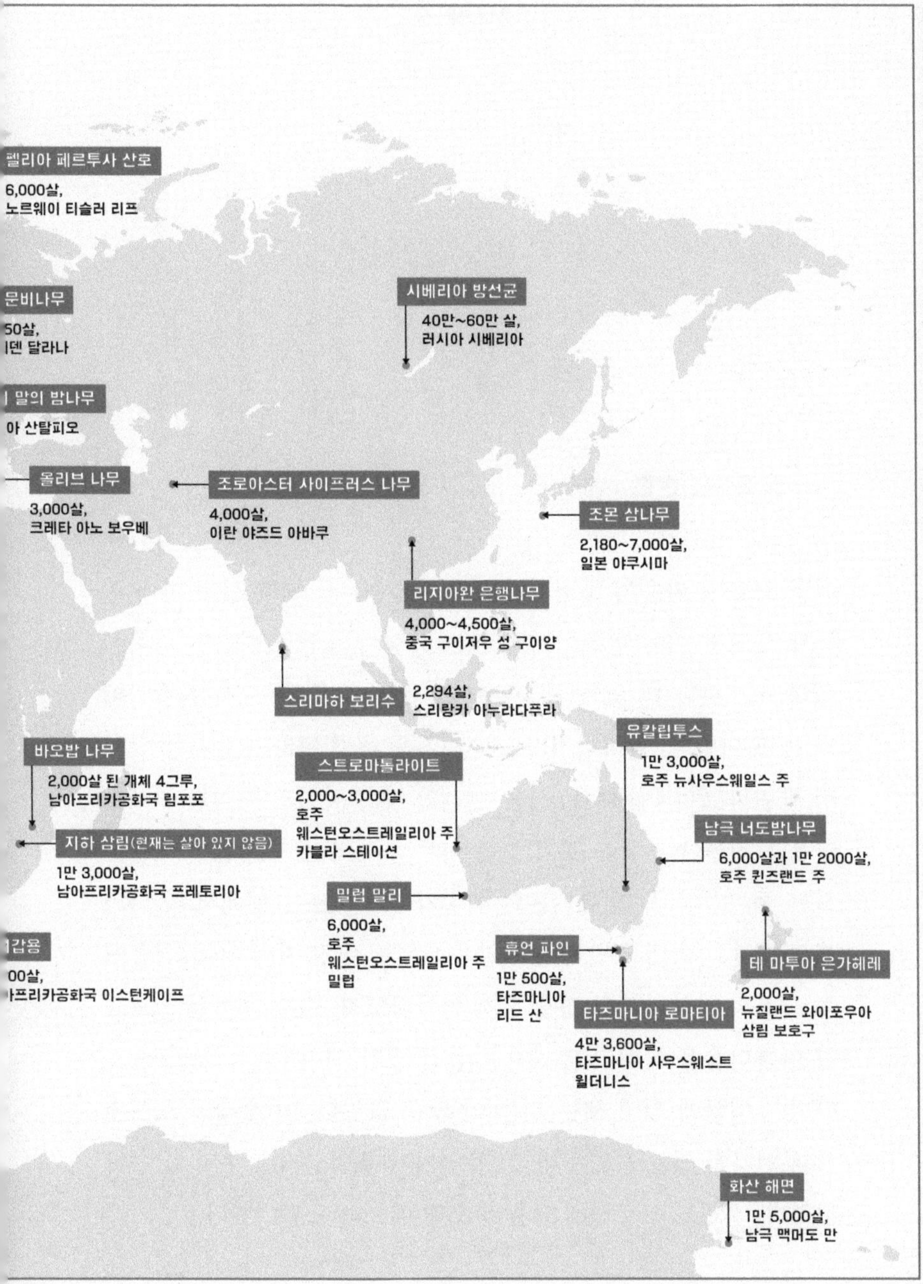

펠리아 페르투사 산호
6,000살,
노르웨이 티슬러 리프

문비나무
50살,
l덴 달라나

l 말의 밤나무
아 산탈피오

시베리아 방선균
40만~60만 살,
러시아 시베리아

올리브 나무
3,000살,
크레타 아노 보우베

조로아스터 사이프러스 나무
4,000살,
이란 야즈드 아바쿠

조몬 삼나무
2,180~7,000살,
일본 야쿠시마

리지아완 은행나무
4,000~4,500살,
중국 구이저우 성 구이양

스리마하 보리수
2,294살,
스리랑카 아누라다푸라

유칼립투스
1만 3,000살,
호주 뉴사우스웨일스 주

바오밥 나무
2,000살 된 개체 4그루,
남아프리카공화국 림포포

스트로마톨라이트
2,000~3,000살,
호주
웨스턴오스트레일리아 주
카블라 스테이션

지하 삼림(현재는 살아 있지 않음)
1만 3,000살,
남아프리카공화국 프레토리아

남극 너도밤나무
6,000살과 1만 2000살,
호주 퀸즈랜드 주

밀럽 말리
6,000살,
호주
웨스턴오스트레일리아 주
밀럽

l갑용
00살,
ㅏ프리카공화국 이스턴케이프

휴언 파인
1만 500살,
타즈마니아
리드 산

테 마투아 은가헤레
2,000살,
뉴질랜드 와이포우아
삼림 보호구

타즈마니아 로마티아
4만 3,600살,
타즈마니아 사우스웨스트
윌더니스

화산 해면
1만 5,000살,
남극 맥머도 만

창조적인 혼란

까닭 모르게 마음이 불편했다. 일본에 처음 온 데다 한두 마디 인사말 말고는 아는 일본어가 없다는 사실이 불안한 마음을 증폭시켰다. 아, 하나 더 있었다. '훈도시오시메테' 즉 '훈도시를 졸라매라'는 말이었다. 할아버지가 '자자, 기운 내렴'이라고 말하는 것처럼 들린다. 2004년 여름, 나는 인간과 자연 사이의 허약한 관계를 담은 사진을 찍겠다는 것 말고는 아무 구체적인 계획 없이 여행을 하는 중이었다. 쿠퍼 유니온의 예술가 거주 프로그램에서 막 나와서 친구들의 초대를 받아 일주일을 도쿄에서 잘 지낸 뒤, 그다음에는 교토의 구불구불한 길을 혼자 돌아다녔다. 사찰과 정원이 고요한 아름다움을 발하고 있었지만 중간 중간 끼어드는 킨코스와 스타벅스 때문에 김이 새는 것은 어쩔 수 없었다. 이 오래된 도시에서 무언가를 얻고 싶었는데, 그 무언가가 무엇인지 도무지 알 수가 없었다. 질문도 모르면서 답을 찾으려 애쓰는 느낌이었다.

아무런 영감도 떠오르지 않아서 (혹은 아마도 마음이 편안하지 못해서) 여행을 중단하고 돌아갈까 하는 생각까지 했다. 익숙지 않은 곳에 끌리는 평소 취향을 생각하면 퍽 나답지 않은 일이었다. 하지만 몇몇 사람들에게 들은 이야기 하나가 짐 싸서 돌아가는 걸음을 멈추게 했다. 조몬 삼나무에 대한 이야기였다. 7,000살이나 된 나무인데, 규슈 섬의 남단에서 배로 몇 시간을 가야 하는 야쿠시마 섬에 있으며 섬에 도착하고 나서도 이틀을 꼬박 걸어야 한다고 했다. 나는 흥미가 동했다. 그만두고 집에 가도 괜찮다고 스스로에게 허락했지만, 그와 거의 동시에 마음의 소리를 따르자고 결정을 내리고 있었다. 나는 기운을 내서 짐을 싼 뒤 반대 방향으로 길을 나섰다.

기차가 가는 곳은 가고시마까지였다. 다음 날 나는 야쿠시마로 가는 배에 올랐다. 한 부부(아내는 일본인이고 남편은 캐나다인이었다)가 다가와, 알려지긴 했어도 정작 가본 사람은 일본인 중에도 별로 없는 외진 곳에 나 같은 외국인이 왜 가는지 궁금해했다. 내 여행용 가방을 보면서 그들은 내가 어디에 묵을 것인지, 조몬 삼나무까지는 어떻게 갈 것인지 등을 물었다. 야쿠시마에 배가 도착했을 때는 그들이 묵는 집에 나도 함께 묵고, 조몬 삼나무에도 같이 가주기로 이야기가 끝나 있었다.

그 집 사람들은 내게 잠잘 곳, 배낭, 스노클링 장비, 그리고 구운 주먹밥을 내어주었다. 우리는 인생과 여행과 정치에 대해 이야기했다. 욕실에 살고 있는 거대한 거미를 내가 몹시 무서워한다는 사실을 다들 굉장히 흥미로워했다. 그리고 나서 우리는 유네스코가 지정한 생물권 보전 지역을 가로질러 등산을 했다. 토종 사슴, 원숭이, 바다거북, 야생 철쭉 등이 있었고, 일본식으로 잘 정리된 아열대 우림은 무성한 초목에 질서를 부여하고자 한 삼림 관리인의 노력을 여실히 드러내고 있었다. 작은 오두막집 바닥에서 새 친구들, 심하게 코를 고는 아저씨, 그리고 비를 피하러 들어온 등산객들 틈에 끼어 자는 것은 좀 이상했지만 재미있었다.

그리고 드디어 고대의 나무가 가진 고요한 아름다움과 힘을 볼 수 있었다. '조몬'이라는 이름은 조몬 시대에서 나왔다. 조몬 시대는 일본의 신석기 시대로, 나무의 나이인 약 7,000년 전에 해당한다. 나는 나무 밑의 조망 구역에 서서 나무를 올려다보았다. 수천 년의 주름이 잡힌 나무껍질, 구부러진 나뭇가지, 나무의 거대한 몸통을 눈에 담고 나서 섬의 다른 지역으로 등산을 계속했다. 신비한 계시를 받았다고까지는 말할 수 없겠지만, 내가 경험해온 것들과 예상할 수 있는 것들을 넘어선 가능성의 문이 열렸음은 직감할 수 있었다.

뉴욕에 돌아와서 인터랙티브 미디어 프로듀서라는 원래의 직업으로 돌아왔다. 이듬해에는 맥도웰 콜로니의 예술가 거주 프로그램에 참여했는데 무언가 시작됐다는 느낌은 더욱 강해졌지만 그 무언가가 무엇인지를 분명히 알 수 없어 괴로웠다. 나는 안절부절못했고 직업도 몇 번이나 바꿨다. 그러다가 조몬 삼나무를 본 지 1년도 더 지난 어느 날 친구 몇 명과 소호의 태국 음식점에서 저녁을 먹게 되었다. 친구들에게 내 모험담을 이야기하고 있는데, 갑자기 그 모든 이질적이면서도 강렬한 조각들이 생생하게 서로 연결되기 시작했다. 그날 밤 집에 뛰어 돌아와 『나무의 말 : 2,000살 넘은 나무가 알려준 지혜』 프로젝트에 착수했다.

대상 선정 조건

책에 실린 생물이 모두 2,000살 이상인 것은 우연이 아니라 내가 대상의 조건을 기원전에 태어난 생물로 정했기 때문이다. 인간종이 세상에 등장한 지 20만 년쯤 지난 뒤, 인류가 시간을 다시 0으로 설정하기로 합의했다는 것은 놀라운 일이다. (조지 칼린이 말합니다. "예수는 그때가 몇 년도라고 생각했을까요?") 물론 그 과정이 그렇게 깔끔한 것은 아니었다. 불교 달력은 기원보다 약 500년 먼저 시작한다. 유대 달력은 기원전 3750년에 시작한다. 중국 달력은 기원전 2637년에 시작하는데 60갑자를 사용하는 데다 이런저런 요소들이 삽입되고 지역적인 변칙과 황제의 칙령에 의한 변칙 등이 끼어들면서 안정적이고 순차적인 셈이 어렵게 돼 있다. 한편 마야 달력은 2012년에 끝났다. 또 롱나우 재단은 서기력 앞에 0을 붙인다(예를 들면 02014년). 어쩌면 지질학적 시간 단위로 연도를 세는 게 나을지도 모른다. (대략) 4500002014년 새해에 복 많이 받으세요!

연령 기준을 정한 다음에는 '지속적으로 생존해온'이라는 부분의 의미를 정해야 했다. 우리 모두 '자아'라는 개념과 깊이 연결되어 있으니, 개체 단위의 생명 지속성이라는 개념은 철학에서 매우 중요한 숙고의 주제다. 하지만 과학 분야를 파고들기 시작하자 시간 단위를 정할 때만큼이나 이 문제도 그리 간단하지가 않았다. '나무 한 그루' 같은 단일 단위 유기체는 파악하기가 비교적 쉬웠다. 하지만 '무성 번식 군락'이라는 개념은 좀 까다로웠다. '영양기관 생장' 또는 '자가 번식'이라고도 일컫는 무성 번식은 암수의 교배 없이 (즉, 꽃식물처럼 암술과 수술이 만나는 과정 없이) 스스로를 복제해서 재생산하는 방식이다. 무성 번식 개체들이 꼭 암수 교배를 할 줄 몰라서 그러는 것은 아니다. 어떤 경우에는 적합한 파트너를 찾는 것보다 그냥 혼자 복제하는 편이 더 나은 것이다. 이때는 새순이나 새 줄기, 새 뿌리가 외부의 유전자 자원 유입 없이 만들어지기 때문에 새로이 생장하는 부분도 원래 개체와 유전적으로 완전히 동일하며 원래 개체의 일부분이다. 외부 환경 여건만 허용한다면 이 과정은 무한히 계속될 수 있다. (무성 번식 개체들이 이론상 불멸이라고 하는 것은 바로 이런 의미에서다.) 완벽한 유비관계는 아니지만, 사람의 몸을 한번 생각해보자. 팔다리에서 새로운 팔다리가 생겨나지는 않지만, 신경세포를 제외하고는 거의 모든 세포가 죽고 새로 생겨난다. 일생에 걸쳐 사람의 몸은 태어날 때 존재하지 않았던 새로운 세포들로 채워지지만 그래도 유전적으로 그 사람은 여전히 동일한 사람이다.

이 책에서 생물의 나이는 어림수나 구간으로 제시되는 경우가 많다. 이는 대개 추정치다. 특히 무성 번식 개체들 중에는 최소 몇 살인지만 확인될 뿐 정확한 나이는 알 수 없는 것들이 많고, 제시된 것보다 훨씬 더 나이가 많을 가능성이 있다. 나이를 추정할 때는 여러 방법론 중 생물의 종류에 따라 가장 적합한 것을 적용했다.

촬영 대상 기준이 무엇인지를 좀 더 쉽게 이해하려면 대상에 포함되지 '않은' 것들이 무엇인지 살펴보는 게 도움이 될 것이다. 우선 이 책에 피라미드는 포함하지 않았다. 살아 있는 것이 아니기 때문이다. (얼마나 많은 사람들이 피라미드는 왜 안 찍었느냐고 질문했는지 모른다.) 빙하나 종유석도 포함하지 않았다. 시적인 의미나 물리적인 의미에서는 '자란다'고 볼 수도 있지만 DNA에 기반한 조직이 아니라서 제외했다. 2,000살 된 거북이나 고래는 존재하지 않기 때문에 포함되지 않았다. (그런 거북이나 고래가 있다면 포함시켰을 것이다.) 해당 생물종이 고대부터 존재한 원시 생물이라고 해서 다 촬영 대상이 된 것도 아니다. 예를 들면 쇠뜨기는 캄브리아 전기까지 거슬러 올라가기 때문에 살아 있는 화석이라고 불리지만(이끼나 양치식물류에도 그런 것이 있다), 개별 개체 중 이 책에 실릴 만큼 오래 산 것이 없다. 비계절적 동면으로 생명 활동이 상당 기간 중단된 적이 있는 개체와 어쩌다가 발아한 오래된 꼬투리도 제외했다. 마지막으로 가장 큰 생물, 가장 작은 생물, 가장 어린 생물도 포함시키지 않았다. '가장 어떠한' 생물이 이 책의 관심사인 것은 아니다.

나는 2,000살이 넘은 고령 생물만을 대상으로 삼았으며, 단일 단위 개체와 무성 번식 군락 모두를 포함시켰다. 프로젝트를 해보니 여러 생물종에 걸친 수명 연구를 엄정한 과학적 방법론 없이 예술가로서 진행하는 것은 일종의 축복이었다. 처음에는 과학자와 공동으로 진행할까 했으나 과학은 점점 세분화, 전문화되는 추세인데 내 프로젝트는 너무 광범위한 데다 아직 명확히 규정되지 않은 영역이라는 점을 미처 생각하지 못했다. 진화생물학자 두 명에

쇠뜨기
칠레 북부

게 의사를 타진해보았는데, 흥미로운 프로젝트이긴 하지만 자신이 공동 참여자가 되기에는 적절치 않은 것 같다는 답을 들었다.

사진 찍을 대상들을 찾으러 가기 전에 그게 무엇이며 어디에 있는지를 먼저 알아내야 했다. 오래 산 나무의 목록을 찾는 것은 어렵지 않았지만, 여러 생물종을 아우르며 내 기준에 부합하는 모든 생물을 적어놓은 목록은 없었다. 온갖 검색어로 구글 검색을 하고 여러 전문 분야의 과학 연구 논문들을 찾아보면서 하나씩 하나씩 목록을 만들어나갔다. 알수록 목록은 길어졌다. 간혹 짧아지는 때도 있었다. 목록 만들기는 유동적이며 아직도 진행 중인 프로젝트다. 가장 좋은 경우는 동료 평가를 거친 학술지에서 논문을 발견하고, 그다음에 논문 저자와 연락이 닿았을 때였다. 그들은 대부분 자신의 연구를 기꺼이 공유해주었고 현장에 갈 수 있도록 초대해주었다. 단지 논문만 읽고 말았더라면 그들의 연구와 경험의 풍부함을 조금도 이해하지 못했을 것이다.

되도록 내용에 정확성을 기하고 학술 연구에서 나온 근거들로 뒷받침하기 위해 노력했지만, 내가 제대로 이해하지 못한 부분들이 있을 수도 있다. 그리고 과학이라는 것 자체가 완성된 것이 아니라는 점도 기억해야 한다. 과학은 정말 결코 완성될 수 없다. 독자들이 이 글을 읽을 때쯤이면 상황이 또 달라져 있을 것이다. 새로운 사실과 수치들이 나왔을 수도 있고 옛 방법론과 기법이 폐기되었을 수도 있다. 물리학자 프리먼 다이슨이 말했듯이 "모든 과학은 불확실하며 수정될 가능성이 있다. 과학의 영광은 증명할 수 있는 것보다 더 많은 것을 상상하는 데에 있다".

나는 단지 과학을 이용하는 데서 그치는 게 아닌 예술 프로젝트를 만들고자 했다. 훌륭한 예술·과학 프로젝트라면 양쪽 모두에 새로움을 불어넣고 서로를 고양시키며 확장시킬 수 있어야 한다. 이는 단지 과학 연구를 좀 더 미학적으로 아름답게 하거나, 예술 작품에 최신 과학 기술을 동원하는 것을 의미하는 게 아니다. 나는 과학적으로 유의미하고 과학자들이 가치를 인정하는 프로젝트를 하되 그것을 통상적인 과학적 방법론이 아닌 방식으로 진행할 수 있었다. 예술가와 과학자는 차이점보다는 공통점이 더 많다. 예술가와 과학자는 모두 답, 혹은 진리를 추구하고, 낡은 사고를 뒤흔들고 세상에 오랜 영향을 남길 수 있는 무언가를 만들어내고자 한다. 예술가와 과학자는 모두 분석적이고 종합적인 접근 방식을 취하며, 위험을 감수하고, 미지의 영역에서 정교하고 치밀한 고찰을 한다. 또 예술가와 과학자 모두 행복한 우연을 많이 만난다. 나는 예술가로서 내 역할이 어떤 질문들에 답을 하는 것, 하지만 그보다 더 많은 질문을 하는 것이라고 생각하는데, 과학자 중에서도 이렇게 이야기하는 사람을 많이 보았다.

대부분의 사진은 6×7 중형 필름 카메라로 자연광만 써서 촬영했다. 책에는 각 생물의 실제 크기와 상관없이 출력한 사진을 실었다. 사진으로 실제 크기를 가늠하기보다는 우리 인간과의 관계를 생각해보게 하기 위해서다. 각 사진의 제목은 해당 생물의 이름, 사진 찍은 날짜, 분류 번호, 나이, 위치로 구성돼 있으며, 그 자체로 현장 노트의 일부다.

선사시대 유적에서도 과학적 연구의 초기 형태가 발견되긴 하지만 과학이 공식적이고 전문화된 영역으로 등장한 것은 19세기부터였다. 반면, 예술은 우리가 완전히 인간이기 이전부터도 인간 경험에서 중요한 위치를 차지했다. 네안데르탈인은 25만 년 전에 장식 목적으로 황토 염료를 사용했으며, 인류의 초기 유물 중에는 동굴 벽화와 악기가 많다. 헤겔은 시간이 지남에 따라 세계가 점차 스스로를 인식해간다는 이론을 설파했다. 어쩌면 예술이 그 증거인지도 모른다. 스스로에 대해 인식해나가는 세계가 집단적이고 창조적으로 구현된 것이 바로 예술이라고 본다면 말이다. 진화와 의식이 결합하면 문화가 생산된다.

시간, 여행

미국을 제외한 첫 출장지는 아프리카였다. 남아프리카공화국 크루거 국립공원에서는 바오밥 나무를 찍는 동안 맹수가 나타날까 봐 무장한 안내원이 있어야 했다. 그다음에는 나미비아에 갔는데, 웰위치아가 있는 곳으로 데려다줄 거라고 철석같이 믿었던 연구원이 앙골라에 가고 없었다.

이런 프로젝트에서는 예기치 못한 사고가 예사로 발생한다. 호주에서 거머리에 물린다든지 토바고에서 산호에 쏘인다든지(이후 몇 달 동안 산호는 내 다리에 박혀 있었다) 하는 사건들을 겪을 때면 내가 일상을 벗어난 일을 하고 있음을 새삼 느낄 수 있었다. 스리랑카 오지에서 손목이 부러졌을 때처럼 심각한 응급 상황도 있었다. 그리고 정말로 위험한 경우도 있었는데, 그린란드에서 외부와 연락을 취할 수 있는 수단이 전혀 없는 상태로 혼자 길을 잃은 것이다.

이 여정에서 나는 흥미롭고 기이한 일들, 놀라운 (그리고 때로는 비참한) 사람들, 그리고 내가 가보리라고는 상상도 해본 적 없는 공간의 풍경과 소리와 맛을 만날 수 있었다. 그리고 두려움과도 계속해서 직면해야 했다. 남아메리카에서는 팬아메리칸 하이웨이를 혼자서 운전하는 무서움과, 스쿠버다이빙을 배울 때는 심해에 대한 공포와, 그리고 남극으로 가기 위해 난생 처음 바다에서 밤을 보낸 날에는 세계에서 가장 험한 바다로 꼽히는 드레이크 해협을 항해하는 두려움과 마주해야 했다.

미술학 석사 과정을 (나중에는 박사 과정도) 그만둔 것처럼 학업과 관련된 모험도 있었다. "학교가 교육을 방해하게 두지 말라"는 마크 트웨인의 경구를 실천한 것이라고나 할까. 재정적인 곤란도 있었다. 나는 별로 넉넉한 형편이 못 된다. 집세도 내지 못하면서 월스트리트저널에 기고를 할 때는 뭔가 앞뒤가 안 맞는다는 느낌을 갖게 된다. 그래도 이 프로젝트를 그만둘 수는 없었다.

프로젝트의 목적 자체보다 주변 일들에서 심오한 경험을 하게 되는 경우도 있었다. 2008년에 그린란드에서 고고학자 마틴 아펠트의 연구팀과 함께 낚시를 한 적이 있다. 우리는 배가 고팠고 고기를 낚아 저녁으로 먹을 참이었다. 바다에는 커다란 송어가 가득해서 인간이 퍼지기 전 지구의 모습을 보는 시간 여행을 하는 것 같았다. 그물을 던졌더니 곧바로 두 마리가 잡혔다. 고고학자들은

남극 바다와 송어의 피

한술 더 떠서 맨손으로 고기를 잡기 시작했다. 아펠트는 단번에 송어 한 마리를 바위 쪽으로 몰아 건져 올렸다. 그리고 나를 부르더니 물고기를 먹으려면 그것을 죽일 수도 있어야 한다고 말했다.

이상하게 들리겠지만 이는 먹거리에 대한 내 원칙을 시험하는 말이었다. 나는 10대부터 20대까지 엄격한 채식주의자였지만 몸이 안 좋아진 이후 해산물을 먹게 됐다. 내 손으로 죽일 수 없는(그리고 죽이지 않을) 것은 먹지 않는다는 원칙을 지키려고 했는데 물고기는 죽일 수 있을 것 같았기 때문이다. 정말로 그런가? 아니면 그렇다고 스스로를 속이고 있었는가? 이를 시험할 상황이 온 것이다. 나는 돌로 송어 대가리를 서툴게 두 번 가격했다. 그리고 아펠트가 마무리를 했다.

머리로만 믿던 신념을 실제로 시험하는 상황에 처하는 것은 선물과도 같은 일이다. 그런 경험을 겪는 곳이 낯선 곳일 수는 있지만, 이후 그 경험은 계속해서 나와 함께하게 된다.

남극같이 추운 곳은 절대 가지 않겠다고 생각했던 때를 떠올리니 웃음이 난다. 그곳에 갔을 뿐 아니라 남극 통과의례인 '바다 뛰어들기'까지 했으니 말이다. 나는 수영복만 입고 남극 바다에 머리부터 거꾸로 뛰어들었다. 길게만 느껴진 몇 초 후 추위에 충격을 받은 채 물 위로 올라왔다. 영하의 물은 생생한 무게감과 끈적거릴 정도로 밀도 있는 느낌으로 다가왔다. 이곳에서 촬영할 고령의 이끼, 그리고 공포스러운 미지의 장소에 모험을 하러 온 최초의 남극 탐험자에 대해 내가 얼마나 깊은 경외에 휩싸였는지는 형용하기 어렵다.

남극과 사우스조지아 섬은 이제 그린란드, 나미비아와 함께 내가 세상에서 가장 좋아하는 곳으로 꼽힌다. 이곳은 이 프로젝트가 아니었다면 내 눈으로 볼 수 없었을 심오한 풍경을 담고 있다. 이 장소들은 세상이 한때 어땠을지 엿보게 해주는 시간 여행의 창과 같다. 이런 여행은 깊디깊은 과거 속으로 영원히 사라져버린 아름다운 것들에 대한 통렬한 향수와 우리가 저지른 훼손을 조금이나마 고칠 여지가 아직 남아 있을 것이라는 희망을 동시에 느끼게 한다.

깊은 시간에 머무는 것도 깊은 물속에 머무는 것만큼 힘들다. 우리는 자꾸만 수면 위로 떠올라 순간의 생각과 필요에 파묻힌다. 하지만 2,000년 넘게 살아온 생명체들과 연결된다는 것은 '지금, 여기'에서 우리가 겪는 경험을 축소시키자는 의미가 아니다. 오히려 그 반대다. 고대부터 살아온 생명체의 눈으로 깊디깊은 시간에 접하면, 우리는 그들이 가진 큰 그림과 긴 시야를 빌려올 수 있을지도 모른다. 장기적인 사고가 득이 되지 않는 문제를 나는 한 번도 본 적이 없다.

긴 세월을 살아온 생명체들을 찾아 10년 동안 세계 곳곳을 다니면서 나는 필멸에 대해 더 생생하게 느끼게 됐다. 내 이해의 범위를 넘어선 영원의 광대함에 직면할 때면 한 인간의 인생이 얼마나 짧은지 더 즉각적으로 와 닿았고, 그와 동시에 분자처럼 작지만 미시적, 거시적 규모에서 계속해서 이야기들을 풀어내는 순간들과 연결됨을 느낄 수 있었다. 어떤 순간이라도 의미가 있으며 그 안에서 우리는 모두 함께 존재한다.

이제 독자 여러분을 과거로 가는, 그리고 전 세계로 가는 여정에 초대한다. 여러분의 상상을 사로잡는 어떤 정보나 한 조각 생각거리라도 연구실로, 스튜디오로, 자연 보존 현장으로, 그리고 대화로 가지고 가시기 바란다. 찾고자 하는 게 무엇인지를 지금 알고 있지 않아도 좋다. 다만, 무언가를 찾고 있다는 사실만 기억하면 된다.

북 아메리카

001 자이언트 세쿼이아

Giant Sequoia

나이

2,150~2,890살

위치

미국 캘리포니아 주 킹스 캐니언 국립공원, 세쿼이아 국립공원

별명

셔먼 장군 나무, 클리블랜드 나무, 워싱턴 나무, 보초병 나무

일반 이름

자이언트 세쿼이아

학명

세쿠오이아덴드론 기간테움Sequoiadendron giganteum

미국에서 가장 수명이 긴 나무가 무엇이냐고 물으면 흔히들 레드우드 삼나무라고 대답한다. 그렇게 잘못 알고 있는 것도 그럴 만하다. 레드우드는 숨이 멎을 만큼 거대하고 장엄하며 두께와 높이 모두에서 감탄을 자아낸다. 하지만 좀 더 남쪽에 사는 사촌뻘인 자이언트 세쿼이아가 레드우드보다 일반적으로 더 나이가 많다. 게다가 자이언트 세쿼이아도 캘리포니아 주에 있는 2,000살 이상의 장수 생물종 5개 중에서는 제일 나이가 어리다. 알려진 최고령 세쿼이아는(현재는 살아 있지 않다) 3,266살까지 살았다.

장수 생물을 찾아 나서는 여정에서 첫 번째 목적지는 캘리포니아 주였다. 자이언트 세쿼이아, 브리슬콘 파인, 모하비 유카, 크레오소트 관목을 촬영할 예정이었고, 자이언트 세쿼이아가 첫 타자였다. 일단 내가 사는 나라에서 시작해야겠다고 생각했다. 정확히 무엇을 하려는 프로젝트인지는 아직 확실하지 않았지만, 캘리포니아에서 촬영할 나무들에 대한 연구 논문과 연구자들을 찾는 것은 별로 어렵지 않았고, 캘리포니아까지 비행기를 타고 가서 차를 렌트하는 것도 걱정되지 않았다. 고속도로를 달리다가 '세쿼이아'라고 쓰여 있는 첫 번째 도로 표지판을 보고 의기양양하게 고속도로에서 빠져나왔다. 알고 보니 목적지인 킹스 캐니언 국립공원(세쿼이아 국립공원과 노령림을 공유하고 있다)으로 가기 위해 빠져야 하는 출구보다 150킬로미터나 먼저 빠져나온 것이었다. 그래도 급할 것은 없었다. 몇 킬로미터를 더 달렸다. 자갈길로 기억하는데 포장도로였는지도 모른다. 어둑해진 무렵에 소박한 숙박시설 하나를 지나쳐서 조금 더 갔다가 다시 되돌아왔다. 소나무들 사이의 모이통에서 벌새 수백 마리가 모이를 먹고 있었다. 9월이었고 가을을 맞아 이동하려는 중인 모양이었다.

다음 날 국립공원 입장권을 가지고 킹스 캐니언에 들어서니 자연의 경이로움을 넘어 다른 이유로 활력이 느껴졌다. 나는 하고 싶은 질문들이 있었고 만날 사람들도 있었다.

그 숲에는 2,000살이 넘었다고 알려진 나무가 네 그루 있었다. 연륜연대학자인 네이트 스티븐슨은 사실 2,000살 넘은 나무가 수백 그루쯤 될 텐데 시간과 인력이 부족해 다 측정하지 못하고 있다고 말했다. 연륜연대학은 단순히 나무의 나이를 알아내기 위해서 나이테를 조사하는 것이 아니다. 나이테 조사는 과거의 기후 여건을 알아내는 데 매우 중요한 수단이다. 하지만 현재 세쿼이아의 경우에는 많은 수의 샘플을 조사할 정도로 과학적 유인이 충분치는 않은 것 같다. 킹스 캐니언에 있는 고령 세쿼이아들의 추정 연령은 다음과 같다. (어린 나무부터) 보초병 나무 2,150살, 셔먼 장군 나무 2,200살, 워싱턴 나무 2,850살, 클리블랜드 나무 2,890살. 어린 두 그루는 위치가 분명하게 표시돼 있지만 공원의 다른 구역에 있는 나머지 두 그루는 위치를 찾으려면 '줄기 지도'가 있어야 한다. 줄기 지도는 천문 항법 차트처럼 생겼는데 나무가 별자리처럼 보인다. 지도에서 원은 살아 있는 나무를 표시하고 직선은 죽은 나무를 표시한다. 나는 지도를 들고 원기 왕성한 동료들 틈에서 비죽이 모습을 드러낸 클리블랜드 나무를 찾아냈다. 워싱턴 나무는 조금 더 들어간 곳에 있었는데 얼마 전에 심한 산불이 났던 곳이었다. 세쿼이아는 작고 돌처럼 단단한 솔방울을 가지고 있는데 강한 열이 있을 때만 솔방울을 열어서 씨앗을 방출한다. 숲이 건강하게

▲ **보초병 나무** # 0906-1437 (2,150살) 미국 캘리포니아 주 세쿼이아 국립공원

▼ **화재로 손상된 자이언트 세쿼이아** # 0906-2222 미국 캘리포니아 주 세쿼이아 국립공원

보초병 나무

0906-1318 (2,150살) 미국 캘리포니아 주 세쿼이아 국립공원

▲ **셔먼 장군 나무** # 0906-1628 (2,200살) 미국 캘리포니아 주 세쿼이아 국립공원

▼ **바위산에 서 있는 유카** # 0906-1237 미국 캘리포니아 주 세쿼이아 국립공원

유지되려면 불이 나서 큰 나무 아래의 잡목들이 적당한 정도로 없어져야 한다. 그런데 인간의 개입은 이제껏 이 일을 썩 잘 해내지 못했다.

세쿼이아 묘목은 가뭄에 특히 취약하다. 스티븐슨은 '기후가 온난해지면 눈이 더 빨리 녹고 여름 가뭄이 더 길고 심해질 것'이라고 말했다. 세쿼이아 국립공원과 킹스 캐니언 국립공원은 더 집중적인 묘목 관리 프로그램을 마련하는 중이며 기후 변화를 고려해 장기 목표를 새로 설정하려 하고 있다. 매우 복잡한 재평가가 필요한 일이어서 완수되려면 수년이 걸릴 것이다.

방문자 센터에 돌아왔을 때, 한 관리인이 자이언트 세쿼이아들은 우리와 달리 매년 젊어진다고 농담했다. 전에는 이 나무들의 나이가 굉장히 과대평가됐던 것이다. 반대로 레드우드는 알려진 것보다 더 오래되었을지도 모른다. 이 나무들을 촬영하고 5년이 지난 어느 날, 나는 훔볼트 레드우드 주립공원에 있는 몇몇 레드우드 나무들이 무성 번식으로 생장한다는 사실이 밝혀졌다는 뉴스를 보았다. 그렇다면 그 나무들의 나이는 기존에 알려진 것보다 몇 배나 더 많을 수도 있다. 하지만 레드우드 나무의 연령을 측정할 믿을 만한 방법은 아직 없다. 과학이란 완성될 수 없음을, 그리고 하나의 사실 정보만으로는 전체 그림을 결코 그릴 수 없음을 보여주는 또 하나의 사례다.

Bristlecone Pine

나이

5,068살

위치

미국 캘리포니아 주 화이트 산맥

별명

므두셀라 나무, 프로메테우스 나무

일반 이름

브리슬콘 파인

학명

피누스 롱가에바Pinus longaeva

5,000년 동안에는 많은 것이 달라질 수 있다.

앤드류 더글러스라는 천문학자(생물학자가 아니라)가 현대적인 연륜연대학 측정법을 알아낸 것은 고작 한 세기 전이다. 20세기 초 더글러스는 태양 흑점 주기와 그에 대응되는 나이테 데이터 사이의 관계를 조사하면서 그 당시에 이미 기후 변화에 대해 연구하고 있었다. 1932년 그는 에드먼드 슐먼을 조교로 고용했다. 나중에 슐먼은 초고령 나무들을 찾는 데에 일생을 바치게 되는데(슐먼 자신은 그리 장수하지 못하고 49세에 숨졌다), 그가 수집한 자료는 워낙 방대해서 아직도 다 분석되지 않았다. 슐먼은 자이언트 세쿼이아부터 연구를 시작했지만 곧 수명이 가장 긴 나무들은 그보다 더 적대적인 환경에서 서식하는 나무들이라는 사실을 알게 되었다. 이는 내가 프로젝트 전반에 걸쳐 계속 접하게 된 사실이기도 한데, 빠르고 맹렬하게 자라는 생물이 오래 살 것 같지만 사실은 그 반대인 경우가 많다. 브리슬콘 파인은 (무성 번식 군락이 아닌) 단일 단위 생물 중에서 가장 나이가 많은 종으로 알려져 있다. 슐먼은 1957년 제자인 톰 할란(할란은 후에 저명한 브리슬콘 연구자가 된다)과 함께 므두셀라 나무를 발견했다. 브리슬콘 파인 중에서 가장 유명한 이 나무는 현재 4,845살이다.

가끔 므두셀라 나무의 명성은 또 다른 브리슬콘 나무에 얽힌 악명 높은 실수 이야기에 밀릴 때가 있다. 현장 연구자들에게 전설이 된 이야기에 따르면, 1964년 돈 커리라는 대학원생이 네바다주 휠러포인트에 있는 브리슬콘 파인 숲 중 하나에서 작업을 하고 있었다. 그런데 나이테를 채취할 때 쓰는 도구인 코어링 비트가 나

브리슬콘 파인

0906-3033 (많게는 5,000살 정도까지 추정됨) 미국 캘리포니아주 화이트 산맥

▲ **브리슬콘 파인, 세부 모습** # 0906-3030 미국 캘리포니아 주 화이트 산맥

▼ **브리슬콘 파인** # 0906-3028 미국 캘리포니아 주 화이트 산맥

무 안에서 뚝 부러져버렸다. 대학원생에게 코어링 비트는 비싼 장비였고, 공원 관리인은 나무를 베고 코어링 비트를 꺼내라고 조언했다. 숲에 나무가 이렇게 많은데 한 그루쯤 벤다고 뭐 그리 대수겠는가? 하지만 알고 보니 그 나무는 베어졌을 때 4,844살로, 당시까지 알려진 바에 따르면 지구상에서 가장 오래된 단일 단위 개체였다. 이 나무는 사후에 프로메테우스라고 명명됐다. 프로메테우스의 몸통을 자른 단면 하나는 어느 작은 마을의 카지노에서 장식용으로 사용되었다가 지역 상공회의소에 의해 컨벤션 센터로 옮겨졌다. 다른 단면 하나는 애리조나 대학 나이테 연구소에서 연구용으로 쓰이고 있다. 커리는 전공 분야를 바꿔서 지질학자가 됐다.

할란은 사실 이 둘보다 더 오래된 나무를 발견했다. 아마도 슐먼 생전에 그와 함께 모았던 샘플들 중에서 발견했을 것이다.

2006년 할란을 수소문해서 만났다. 그는 현재까지 알려진 최고령 브리슬콘은 흔히들 생각하는 므두셀라가 아닌 같은 구역에 있는 어느 이름 없는 나무이며, 그 나무는 약 5,000살이라고 알려줬다. (최근에 록키 마운틴 나이테 연구소는 이 나무의 연령을 5,062살로 추정했다.) 할란의 연구팀은 코어 샘플을 통한 비교 연대 측정법과 방사성 탄소 측정법을 이용해서 많은 브리슬콘 나무들의 연령을 추정했다. 록키 마운틴 나이테 연구소 소장 피터 브라운은 내게 보낸 이메일에서, 할란의 마지막 프로젝트는 개별 나무들의 연령만 확인하는 것이 아니라 슐먼의 방대한 샘플을 분석해 기원전 12000년까지 거슬러 올라가는 완전한 나이테 연대기를 구성하는 것이었다고 말했다. 2012년 할란이 별세했다는 소식을 들고 나는 매우 슬펐다. 그의 연구는 그다지 널리 알려지지 않았고, 할란의 나무나 므두셀라 나무도 등산로에 표시되어 있지 않았다. 예전에는 므두셀라 나무에 표지판이 있었는데 관광객들이 기념품 삼아 나무를 떼어가는 일이 너무 많아서 없앴다고 한다.

나는 2006년 가을에 브리슬콘을 촬영하러 갔다. 할란의 현장 연구는 그 해 시즌이 이미 끝난 뒤여서 나 혼자 가야 했다. 9월의 고도 3,000미터 산은 쌀쌀했다. 도로에는 사람이 거의 없었고 등산로에는 더 없었다. 할란은 그 나무에 가려면 무엇을 찾아야 하며 등산로에서 어디를 눈여겨봐야 하는지 미리 알려주었다. 그리고 알려진 것보다 더 오래된 브리슬콘이 있을 수 있다는 말도 덧붙였다. 거기에는 브리슬콘 나무가 수천 그루 있으니 말이다.

개방된 산자락의 등산로를 따라 걸으면서 세월의 풍파를 겪은 울퉁불퉁한 고목들을 보니 감동적이었다. 어떤 것들은 최고령 세쿼이아보다 두 배나 나이가 많았다. '숲'에 대한 경험의 측면에서도 완전히 새로운 경험이었다. 자이언트 세쿼이아 숲은 규모로 우리를 압도한다. 듀에인 마이클스는 저서 『Real Dream(진정한 꿈)』(1976)에서 '냉장고가 아니고서야 요세미티의 아름다움에 감동을 받지 않을 수는 없을 것이다'라고 했는데, 세쿼이아 숲도 그렇다. 하지만 브리슬콘 숲의 아름다움은 수목 한계선의 위쪽 극단에서 브리슬콘 나무들이 겪는 험난함에서 나온다. 이 나무들에 대해 많이 알게 될수록 아름다움은 더 강렬하고 호소력 있다. 예를 들면, 브리슬콘은 개체 전체의 생존을 위해 필수적이지 않은 시스템은 모두 닫고 제한된 영양분으로만 살아간다. 그래서 나뭇가지

딱 하나만 빼고 나머지는 다 죽은 것처럼 보이기도 한다. 바늘잎 5개씩 무리지어 있는 솔잎 한 무리는 40년을 갈 수 있는데 이는 대부분의 소나무잎 수명보다 훨씬 긴 것이다. 이러한 사실에서 브리슬콘이 생장 전략으로 효율성을 중시한다는 것을 알 수 있다. 옹이진 무릎 부분은 이 나무들의 오랜 나이를 말해준다. 이 나무들은 생존하려는 생물학적 의지가 매우 깊어 보인다.

섬뜩하게도, 150킬로미터밖에 안 떨어진 네바다 주 경계 지역의 핵 시험장에서 핵폭탄 실험이 있었다. 바람이 반대 방향으로 불지 않았다면 브리슬콘 숲은 일거에 심각한 손상을 입었을 것이다. 나무들은 벌떡 일어서서 다른 곳으로 가버리지 못한다. 그리고 현재 브리슬콘 나무들이 직면한 가장 절박한 위협은 원투 펀치가 계속된다는 점이다. 한 세기 전 미국에 상륙한 소나무 녹병(공기 중으로 전염된다)과 미국 토종인 소나무좀 등이 기후 변화로 더 극성을 부리면서 브리슬콘을 서서히 몰락으로 내몰고 있다.

브리슬콘은 극단적인 조건에도 '불구하고' 생존해온 것이 아니라 극단적인 조건 '덕분에' 생존했다. 그런데 고산 지대에 기후 온난화가 미친 영향은 위협적인 생물종들이 극성을 부리게 된 데서 그치지 않았다. 브리슬콘 자체의 성장이 이전 어느 때보다 더 빨라진 것이다. 최근의 나이테 분석에 따르면 성장 속도가 지난 50년 사이 30퍼센트나 빨라졌는데, 이전 3,700년 동안 이런 성장 속도를 보인 적은 없었다.

브리슬콘 파인

0906-3237 미국 캘리포니아 주 화이트 산맥

003 크레오소트 관목

Creosote Bush

나이

1만 2,000살

위치

미국 캘리포니아 주 모하비 사막 소기 드라이 레이크

별명

킹 클론

일반 이름

크레오소트 관목

학명

라레아 트리덴타타Larrea tridentata

바스토우까지 가기 위해 해발고도 4,300미터의 화이트 산맥에서부터 해수면보다 85미터 낮은 지대가 있는 데스밸리를 거쳐 수백 킬로미터를 운전해야 했다. 토지 관리국 현장 사무소로 가는 길이었다. 에드워드 공군 기지를 비롯해 사막에 설치된 군사 시설들이 보였다. 주도로를 빠져나와 모하비 사막으로 들어섰다.

인류가 농경과 목축을 시작한 것은 고작 1만 2,000년 전이다. 약 1만 2,000살인 크레오소트 관목과 모하비 유카가 삶을 시작한 것도 이 무렵이다. 이들은 내가 무성 번식이라는 것에 대해 알고 나서 본 최초의 무성 번식 생물이었다.

크레오소트 관목과 모하비 유카는 토지 관리국이 4륜 오토바이가 "자유롭게 활동할 수 있는" 레크리에이션 지역으로 지정해 담장으로 보호해놓은 구역 안에 있었는데 서로 15킬로미터쯤 떨어져 있었다. 킹 클론(가장 오래된 크레오소트 관목의 별명)과 모하비 유카(별명이 없다) 둘 다 원형 구조였다. 중심점이 되는 줄기부터 바깥을 향해 서서히 방사선으로 뻗어나가면서 생겨난 구조였다. 크레오소트 관목은 나이테 샘플로 연령을 확인할 수 없다. 이들은 하나의 큰 몸통을 생장시키는 게 아니라, 느리지만 꾸준하게 자신을 복제해 생명을 지속한다. 새로운 줄기가 오래된 줄기를 대체하면서 살금살금 바깥쪽으로 확장하는 것이다. 그렇게 생긴 관목 군락의 모양을 한눈에 보려면 위에서 봐야 한다. 헬리콥터가 없었으므로 좋은 앵글을 잡기 위해 공원 관리인의 트럭 꼭대기에 올라가 촬영했다. 근처에는 크레오소트가 아주 많은데 고령 크레오소트 관목 군락은 원형 형태 덕분에 주변에 있는 젊은 크레오소트

크레오소트 관목 # 0906-3628 (1만 2,000살) 미국 캘리포니아 주 모하비 사막

들과 구별된다. 유카도 고령 군락은 살아 있는 미니 스톤헨지처럼 보이는 원형 형태로 주변의 다른 유카들과 구별된다. (크레오소트와 유카 둘 다 근처에 무성 번식 군락들이 더 있었는데 나는 가장 오래된 것만 촬영했다.)

킹 클론은 리버사이드 캘리포니아 주립대학의 퇴직 교수 프랭크 바섹이 1970년대에 발견했고, 연간 성장률 분석과 방사성 탄소 측정법으로 킹 클론의 연령을 추정했다. 젖었을 때 나는 냄새 때문에 크레오소트 관목이라고 불리는 이 식물은 비가 없어도 2년까지 생존할 수 있다. 방대하게 발달한 뿌리 시스템이 수분이란 수분은 족족 빨아들이는 덕분이다. 모하비 사막 저지대는 연중 기온이 영하 30도에서 영상 50도까지 오르내린다.

현장에 가기 전 사전 취재를 위해 가장 많이 연락을 주고받은 사람은 토지 관리국의 연구자 래리 라프리였다. 라프리는 모하비 사막에 크레오소트 관목이 아주 많은데 내가 찾는 것은 길쭉한 타원형에 지름이 15미터 정도 되는 것이라고 알려줬다. 하지만 토지 관리국 연구자들이 현장에 한동안 가지 않았던 모양인지 찾기가 어려웠다. 다행히 토지 관리국 삼림 관리인 아트 바술토가 두 군데 모두 안내해주었다. 바술토는 온갖 재미난 이야기로 대화가 끊이지 않게 하는 능력이 있었다. 아무 준비 없이 사막에 온 대책 없는 여행자, 길 잃은 아이를 구조한 일화, 사막 마라톤 훈련, 사막에 피는 봄꽃, 엄청난 사막의 폭풍 등등. 그는 걸어가면서 아래로 몸을 숙이더니 죽은 뱀을 휙 들어올렸다.

현재의 환경 여건이 이들의 현재와 미래에 영향을 미치겠지만 철학적으로 이렇게도 생각해볼 수 있다. 가장 오랜 하나의 줄기에서 시작돼 바깥쪽으로 서서히 확장해나가는 크레오소트와 유카 무성 생식 군락은 확장하는 우주에 대한 생물학적 비유 같다. 연간 몇 밀리미터 정도의 성장률을 허블 상수와 문자 그대로 비교하자는 건 아니지만, 크레오소트 관목과 유카 군락은 우리가 평소 같으면 알아차리지도 못할 미미한 속도로 확장하면서 심원한 시간의

▲ **크레오소트 관목** # 0906-3637 (1만 2,000살) 미국 캘리포니아 주 모하비 사막

▼ **크레오소트 관목, 세부 모습** # 0906-3905 (1만 2,000살) 미국 캘리포니아 주 모하비 사막

규모에 대해 생각하게 해준다.

그런데, 시간이 더 이상 이들의 편이 아니라는 점은 걱정스럽다.

004 모하비 유카

Mojave Yucca

나이

1만 2,000살

위치

미국 캘리포니아 주 모하비 사막

별명

없음

일반 이름

모하비 유카, 스페인 단검 유카

학명

유카 스키디게라*Yucca schidigera*

촬영했던 생물 중 나중에 다시 찾아간 것은 많지 않다. 하지만 2006년에 찍은 모하비 유카 사진은 너무 만족스럽지 않았다. 그래서 2011년 파머 참나무를 찍으러 리버사이드에 갔을 때 근처에 있는 모하비 사막의 나무들을 다시 한 번 찾아가기로 했다. 이번에는 파머 참나무 연구자들도 함께 갔는데, 그들도 고령의 유카 군락을 보고 싶어 했다. 봄에 피우는 크림색 꽃을 볼 수 있을 것이라고 기대했는데 시기가 너무 일렀고, 늦은 봄에 맺는 열매를 보기에는 더더욱 시기가 일렀다. 모하비 유카는 유카 나방, 정확하게는 테게티쿨라 유카셀라에 의해서만 수분이 된다. 하지만 우리가 찾아가는 고령 유카는 무성 번식을 하므로 스스로 새순을 만들어낼 정도의 에너지만 모으면 된다. 유성 번식을 하려면 수분을 통해 씨앗을 맺어야 하지만 무성 번식은(유카뿐 아니라 무성 번식은 다 마찬가지다) 복잡하고 성가신 수분 과정 없이 그냥 자기 자신을 계속해서 복제해나가면 된다. 그렇더라도 꽃을 못 본 것은 역시 아쉬웠다.

지난번에 왔을 때 아트 바술토는 모래 폭풍이 치면 이 지역 토착민들이 모하비 유카를 은신처로 사용한다고 말했다. 또 유카 열매는 먹을 수 있고, 유카의 섬유질은 여러 가지 물건을 짜는 데 쓰이며, 잎에 있는 사포닌으로 비누도 만들 수 있다고 했다. 하지만 아주 작은 동물이라면 몰라도 모하비 유카가 뭔가의 은신처가 될 수 있어 보이지는 않았다. 전에는 나무가 더 건강하고 무성했는지도 모르지만 말이다. 실제로 모하비 유카 군락은 2006년보다 쇠약해져 있었다. 여기 실린 사진들은 그 자체로 대화형 사진은 아니지만 대화형 사진의 중요성을 말해준다. 어느 장소에서 사진을 한 번만 찍으면 보는 사람들에게 그 풍경이 변하지 않을 것처럼 느끼게

모하비 유카

0311-P0983 (1만 2,000살) 미국 캘리포니아 주 모하비 사막

모하비 유카 # 0311-1430 (1만 2,000살) 미국 캘리포니아 주 모하비 사막

할 소지가 있다. 사라져가는 빙하 사진은 한두 해 전의 사진과 나란히 봐야 강력한 효과를 발한다. 그래야 빙하가 사라져가는 것이 드러나기 때문이다. 사진은 시간의 흐름 속 어느 한 순간에 대한 기록이다. 그 순간에는 그것이 사실이었다고 해도 앞으로도 계속 그러리라고 볼 수는 없다. 세상은 변한다.

내가 처음 갔을 때와 두 번째 갔을 때 사이에 가뭄이 몇 차례 있었다고 한다. 가뜩이나 강우량이 적은 사막 지대인데 평년보다 비가 더 적었다는 것이다. (유카도 물을 많이 필요로 하지는 않지만 크레오소트 관목과 달리 1년에 150밀리미터 정도의 강우량이 있어야 생존할 수 있다.) 가뭄 자체도 문제지만 사막 쥐들이 수분을 섭취하려고 잎을 갉아먹는 것도 문제다. 하지만 과학 연구의 측면에서 보자면 오만 것을 가져다 모아두는 쥐들이 꼭 나쁜 것만은 아니다. '두엄 더미'라고도 불리는 쥐들의 둥지에는 기후에 대해 알 수 있는 귀중한 정보가 가득하다. 몇 세대에 걸쳐 수만 년 동안 같은 둥지를 사용하기 때문에 외부 환경 물질에 대한 정보와 유전적 정보들이 켜켜이 담겨 있다. 읽는 법을 알기만 한다면 그 정보를 읽어낼 수 있는 것이다.

프로젝트를 시작한 당시만 해도 사막에 이렇게 장수하는 생물이 있으리라고는 생각도 못했다. 수명이 수백 년 정도인 조슈아 나무 정도를 겨우 떠올릴 수 있을 뿐이었다. (조슈아 나무도 유카의 일종이다.) 하지만 모하비 사막을 두 번째 방문한 2011년 무렵에는 4개 대륙을 돌면서 사막의 놀라운 장수 생물들을 많이 본 뒤라 내 생각도 완전히 달라져 있었다. 브리슬콘 파인의 경우에서도 보았듯이 극히 험한 환경 여건은 오히려 굉장히 적응성이 강한 생물을 키워낼 수 있다.

토지 관리국이 지정한 레크리에이션 구역은 국립공원으로 지정된 것만은 못하지만 고령의 크레오소트 관목과 모하비 유카를 담장으로 보호하고 있긴 하다. 하지만 모하비 사막에 군대를 더 많이 주둔시킬 예정이라는 기사를 최근에 보았다. 그렇다면 '자유롭게 활동할 수 있는' 레크리에이션 구역을 잠식하게 될지 모른다. 나무를 못살게 구는 주말 관광객은 차라리 양반이라는 생각이 갑자기 들었다.

모하비 유카

0311-1320 (1만 2,000살) 미국 캘리포니아 주 모하비 사막

Honey Mushroom

나이

2,400살

위치

미국 오리건 주

별명

거대 버섯균

일반 이름

꿀버섯

학명

아르밀라리아 오스토이아에Armillaria ostoyae

꿀버섯, 혹은 거대 버섯균이라고도 불리는 아르밀라리아 오스토이아에는 장수 생물종 중 유일한 포식 생물이다. (몇몇 나무종을 포식한다는 이야기지 인간을 먹는다는 이야기는 아니다. 병균의 일종으로 생각할 수도 있지만, 어쨌든 공포 영화 같은 느낌은 아니다.) 꿀버섯은 가장 큰 생물 중 하나로도 꼽힌다. 거의 9제곱킬로미터에 걸쳐 있는데 한 끝부터 다른 끝까지가 모두 유전적으로 동일한 생물이다. 균류는 지구상에 가장 널리 분포되어 있지만 2,000살 이상의 고령 생물 중에서 균류는 아르밀라리아가 유일하다. 생물 분류에서 균류는 식물계, 동물계와 구별되는 균계를 형성하며, 놀랍게도 식물계보다는 동물계와 더 가깝다. 동물계와 균계는 11억 년쯤 전에 식물계에서 갈라져 나온 공통의 조상을 가지고 있다. (동물계와 균계가 언제 갈라졌는지는 정확하지 않다. 이들의 가족 상봉을 상상해보시길.) 또 아르밀라리아는 거의 대부분 땅속에 사는데 그 때문에 사진 찍기가 쉽지 않았다.

2006년 11월 오리건 주 동부에 있는 맬히어 국유림을 찾았다. 안타깝게도 눈이 덮여 있었다. 버섯은 가을에 땅 위로 피는데 오래 피어 있지는 않는다. 눈 덮일 때까지 피어 있는 경우는 더더욱 없다. 계절적인 제약을 더 철저히 고려해서 취재 계획을 짜야 한다는 점을 절실히 깨달았다. 하지만 운전하면서 본 광경은 황홀했다. 흐린 구름 사이로 드문드문 빛줄기가 내려오고 있었고 위협적인 회색 하늘을 배경으로 무지개가 빛났다. 나는 존 데이라는 마을의 서쪽 끝, 제재소 옆에 있는 삼림청 프레리시티 관리소를 향해 차를 몰았다.

아르밀라리아

1106-2232 (2,400살) 미국 오리건 주 맬히어 국유림

삼림 병리학자 크레이그 슈미트는 벌목꾼 출신 산타클로스 같은 인상을 풍기는 친절한 할아버지였다. 그는 숲을 가로질러 걸어가면서 낙엽송, 미송, 로지폴 소나무, 폰데로사 소나무 등 보이는 상록수마다 이름을 아느냐고 물어봤다. 그는 아르밀라리아 버섯균이 침투한 나무를 쉽게 알아보았다. 그리고 가망 없이 균에 정복당한 나무를 도끼로 파서 표면 아래쪽에 있는 버섯균이 드러나게 해주었다. 아르밀라리아는 나무를 서서히 목 졸라 죽인다. 흰 균사가 나무껍질과 껍질 바로 안쪽의 백목질 사이로 올라오면서 수분과 영양분의 흐름을 막는 것이다. 숙주를 죽게 만들기는 하지만 그렇게 멍청하지는 않다. 번식 연령이 되지 않은 나무는 죽이지 않아서 자신의 생존 여건을 계속 유지하는 것이다. 하지만 인간의 개입은 이야기가 다르다. 아르밀라리아는 이 책에 나오는 고령 생물 중 인간이 의도적으로 성장과 번식을 막는 유일한 생물이다. 이곳 삼림 관리 계획에는 아르밀라리아 균류의 침입에 더 강한 나무들을 심는 것이 포함돼 있다. 균류의 성장을 막아서 숲을 지키기 위한 것이다. 아르밀라리아 버섯이 식용 가능하긴 하지만, 저녁 식사는 삼림 관리 계획의 일부가 아닌 것 같다.

이튿날 균류학자인 마이크 타툼, 짐 로리와 함께 그 숲의 다른 구역에 갔다. 이들은 자신의 연구에서부터 사슴을 사냥하는 방법에 이르기까지 다양한 주제로 대화를 이끌어주었다. 그리고 아르밀라리아를 전체적으로 보지 않고 한 측면만 들입다 파고 있다면서 다른 균류학자를 비웃었다. (네, 여러분은 지금 다른 균류학자를 외골수 학자라고 비웃는 두 명의 균류학자를 보고 계십니다.) 우리는 삼림 관리를 둘러싼 사회적 문제들에 대해서도 이야기를 나눴다.

▲ **아르밀라리아** # 1106-19B24 (2,400살) 미국 오리건 주 맬히어 국유림

▼ **아르밀라리아 때문에 죽은 나무** # 1106-1414 미국 오리건 주 맬히어 국유림

일반인들이 감정적으로 내리는 의사 결정(가령, 통제된 화전과 같은 최선의 관리 기법에 대해 반대 투표를 하는 것)이 과학자들의 전문적인 의사 결정을 막게 되면 문제가 더 커질 수 있다. 자연은 인간이 생각하는 의미에서 '친절'하지는 않다. 인간의 가치를 자연의 생태 시스템에 부여하려 하면 재앙을 부르는 길이 될 수 있다. 걸어가면서 그들은 내게 각종 이끼와 지의류에 대해 설명해주었고 나는 그것들을 채취해 전날 슈미트와 다니면서 채취한 아르밀라리아와 솔방울 표본 모음에 추가했다.

이 숲에서 나무를 위협하는 균으로 가장 잘 알려진 것은 아르밀라리아지만, 다른 병충해도 있다. 이를테면 펠리누스 웨이리(뿌리를 썩게 만드는 병균)와 크립토포루스 볼바투스(회갈색의 백목질 부패균) 같은 것도 나무를 꽤 빠르게 넘어뜨린다. 자연의 재활용 프로그램의 일부라고 볼 수도 있다. 그리고 타툼은 소나무좀의 위협에 대해서도 설명했다. "많은 나무들이 소나무좀의 공격도 받고 있습니다. 소나무좀은 뿌리 질병으로 죽어가는 나무에 특히 잘 꾊죠. 이미 질병에 걸린 나무에 잘 모이기 때문에 나무의 죽음을 가속화하게 됩니다. 건강한 나무는 소나무좀을 '내쫓을' 수 있지만 병에 걸린 나무는 그렇게 하지 못하니까요." (나무가 소나무좀과 사투를 벌이는 모습을 그려보시길. 슬로 모션으로 보는 전투 장면 같을 것이다.)

아르밀라리아의 존재를 땅 표면이나 땅 밑에서만 볼 수 있는 것은 아니다. 나는 '아르밀라리아 죽음의 고리'를 보기 위해 미리 경비행기를 예약해두었다. 아르밀라리아는 원형 패턴으로 나무들을 죽인다. (장수 생물들을 찾아다니다 보면 이런저런 원형 패턴들을 많이 보게 된다.) 잘 알고서 찾아보면 공중에서도 알아볼 수 있다. 나는 지도와 GPS가 있었고, 적어도 여기에 아르밀라리아가 있다는 것을 알고 있었다. 이렇게 작은 경비행기는 처음 타봤고 비행기 멀미가 이렇게 끔찍한 것인 줄도 처음 알았다. 신맛이 나는 모텔 커피를 토하기 전에 서둘러 사진을 최대한 많이 찍었다. 그러고 나서 비실비실 격납고로 돌아왔다.

마을을 떠나기 전 우체국에 가서 내가 수집한 식물 표본들을 미국 동부로 부쳤다. 뉴욕에 돌아가면 내 아파트에서 식물 표본들이 나를 기다리고 있을 것이다. 레타리아 불피나(개 종류에게 독성이 있어서 '늑대 킬러 지의류'라고도 불린다)는 지금도 내 창턱의 화분에서 자라고 있다. 그 옆에는 나미비아에서 가져온 사르코카울론 파테르소니('부시맨의 초'라고도 불리는 식물)가 있고 야쿠시마에서 가져온 작은 일본 사슴뿔도 있다. 뉴욕에 돌아오고 몇 달 뒤, 스튜디오에서 대형 카메라로 아르밀라리아가 침투한 나무껍질의 사진을 찍었다. 하지만 서식지의 맥락에서 떼어놓고 보니 생명이 없는 것처럼 느껴졌다. 사실이 그렇기도 하다.

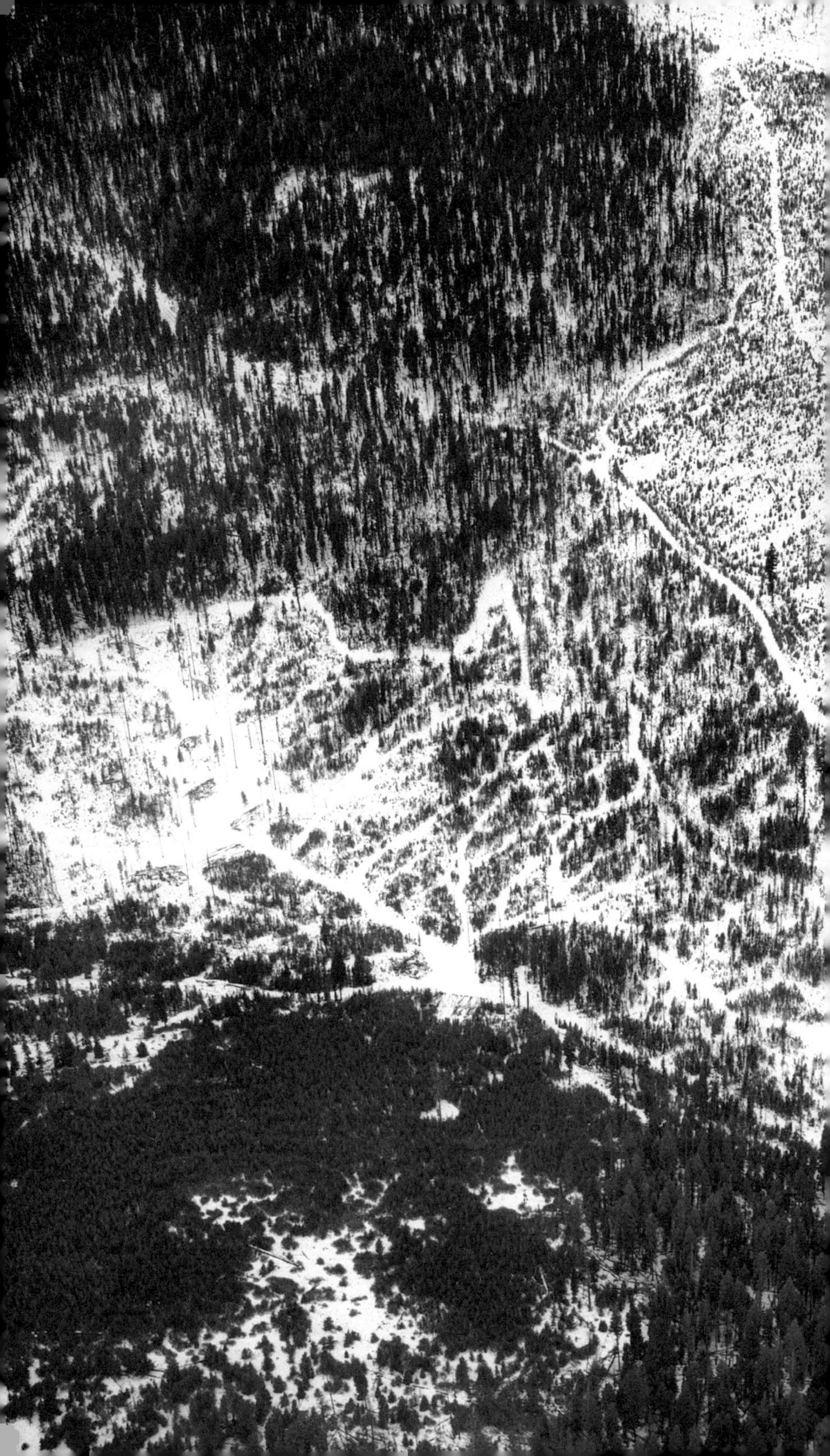

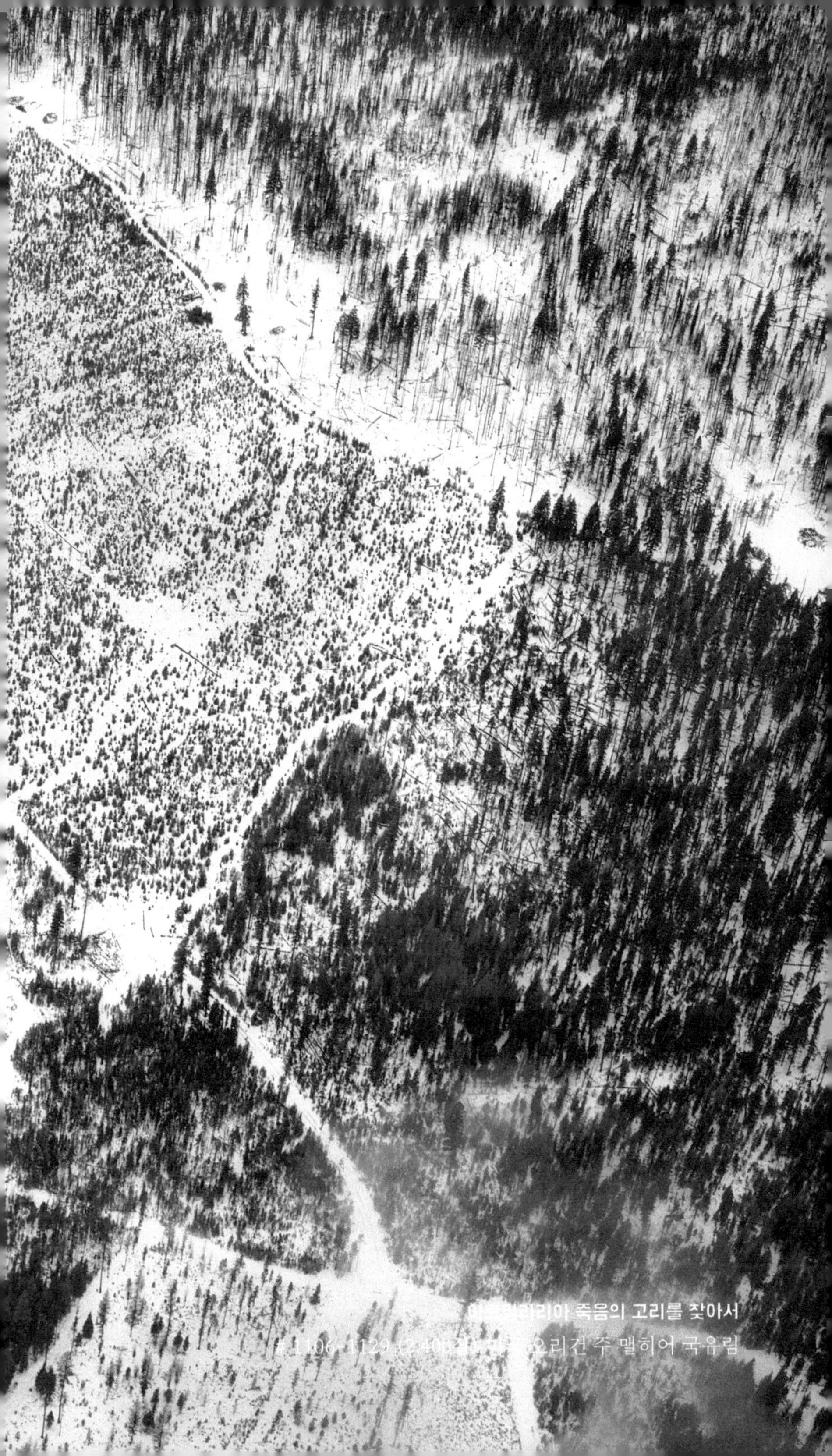

죽음의 고리를 찾아서

1106-1129 (2,400장) 오리건 주 맬히어 국유림

006 박스 허클베리

Box Huckleberry

나이

9,000살에서 1만 3,000살(논란 있음)

위치

미국 펜실베이니아 주 페리 카운티

별명

예루살렘 허클베리, 바이블 베리

일반 이름

박스 허클베리, 회양목 잎을 가진 산앵두

학명

가일루사키아 브라키케라Gaylussacia brachycera

가장 나이가 많은 박스 허클베리를 찾아 나선 나는 누군가의 뒤뜰에 도달했다. '호버터 앤 숄 박스 허클베리 자연 지역'에 1,300살 된 박스 허클베리가 있다는 말을 듣고 거기에 가기 위해 투스카로라 주유림의 삼림 본부 담당자와 이야기를 하다가, 놀랍게도 짐 도일이라는 사람의 사유지에 10배나 더 나이가 많은 허클베리가 있다는 사실을 알게 된 것이다.

회양목(박스우드)과 비슷하게 생겨서 이런 이름이 붙었다는 박스 허클베리는 블루베리와 친척으로, 광이 나는 상록수 잎을 가지고 있다. 봄에 꽃을 피우고, 아무 맛은 없다지만 식용 가능한 열매를 맺는다. 박스 허클베리 열매는 사람보다는 목도리뇌조에게 더 인기가 있다. 박스 허클베리는 '자기불화합'이다. 박스 허클베리에게 심리 치료라도 해줘야 하지 않나 싶은 용어지만, 식물 용어로 자기불화합은 일부 꽃식물과 달리 자가 수분이 되지 않는다는 뜻이다. 100개도 안 되는 개체가 펜실베이니아부터 멕시코에 이르기까지 멀찍이 떨어져 존재하는 상황에서, 박스 허클베리가 짝을 찾아 수분을 할 수 있는 가능성은 거의 없다. 따라서 무성 번식이 유일한 생장 방법이다.

1889년 개척민이었던 짐 도일의 증조할아버지는 펜실베이니아 주 한복판에 넓은 땅을 샀다. 인근 필라델피아에서 미국 독립 100주년 기념식이 열릴 무렵이었고, 독립 기념식은 여전히 자부심과 영광의 장소였다. 도일 일가는 셰일 채굴과 벌목을 했고 대공황 시기에는 사냥을 하고 물고기를 잡으면서 살아나갔다. 도일은 우리가 서 있던 곳에서 길만 돌면 나오는 지점에서 조지 워싱턴이 주니아타 강(서스쿼해나 강의 지류)에 빠진 적이 있다고 자랑스레 이야기했다. 근거는 듣지 못했지만, 어쨌든 집안의 풍성한 전설에 이미 확실하게 자리 잡은 이야기 같았다. 우리 가족도 이 지역과 연고가 있다. 체코슬로바키아 출신인 할머니는 1957년부터 펜실베이니아 주 해리스버그에 살고 계신다. 나는 할머니를 찾아뵈었고 어머니가 나의 고향인 볼티모어에서 차를 몰고 이곳에 와서 허클베리 찾기에 동참했다.

도일 일가가 자신들의 땅에 매우 흥미로운 것이 있음을 알게 된 것은 1920년이었다. 해리스버그 자연사 학회 사무국장 하비 A. 워드는 1929년 2월 14일자 편지에서 자신의 발견을 이렇게 기록하고 있다.

'그 협곡을 탐험하기 위해 파티에서 일찍 나왔다. 그리고 반짝이는 초록 잎을 가진 낮은 관목이 무성하게 자라 있는 것을 곧바로 알아차렸다. 처음 보는 것이었다. 나는 그것이 박시늄(산앵두)의 일종이고 틀림없이 상록수일 것이라고 생각했다. …… 꽃을 피우거나 열매를 맺는다는 증거는 없었다. 하지만 『Gray's Manual(그레이 매뉴얼)』(1848)에 나오는 식물 묘사를 보고, 내가 발견한 것이 박스 허클베리의 새로운 군락이라는 것을 알 수 있었다. 그 식물의 견본을 뉴욕 식물원, 그레이 식물 표본실, 워싱턴의 미 농무부로 보냈다. 며칠 뒤에 세 군데 모두에서 내 생각이 맞음을 확인해주는 답신을 받았다. …… 워싱턴의 프레데릭 V. 코빌 박사와 에드거 T. 웨리 박사, 그리고 뉴욕 식물원의 존 K. 스몰 박사가 그 군락지를 수차례 방문했는데, 규모를 보고 크게 놀랐다.'

박스 허클베리 # 0906-0103 (9,000~1만 3,000살) 미국 펜실베이니아 주 페리 카운티

최근에 공원 관리 당국은 도일 가족에게 이 허클베리 군락을 국가가 보호할 수 있도록 땅의 일부를 공원에 편입시키면 어떻겠냐고 제안했다. 하지만 도일 씨는 연구자들에게 나무를 꽤 너그럽게 개방하고 있기는 하지만 그러한 계약을 영구적으로 맺으려는 의사는 없어 보였다. 나무를 심기에 가장 좋은 때는 10년 전이고 두 번째로 좋은 때는 오늘이라는 말이 있다. 아직 기회가 남아 있을 때 우리가 보호해야 할 많은 것들에 대해서도 똑같이 말할 수 있다. 한때 1,200평의 면적, 1.5킬로미터의 길이에 달했던 박스 허클베리 군락지는 1963년에 22번 도로와 322번 도로를 다시 지을

▲ **사슴이 잎을 뜯어 먹어 앙상해진 박스 허클베리 나뭇가지** # 0906-07A07 (9,000~1만 3,000살) 미국 펜실베이니아 주 페리 카운티

▼ **사슴뿔로 외벽을 장식한 도일의 헛간** # 0906-09A09 미국 펜실베이니아 주 페리 카운티

때 상당 부분 손상됐고 그 후 화재로 더 손상됐다.

내가 다녀오고 난 뒤에 과학이 더 발전하면서 1만 3,000살이라는 기존의 연령 추정이 잘못됐을 수 있다는 주장이 제기됐다. 빙하 데이터가 서로 상충하고 유전자 변형에 대해 몇 가지 의문이 제기되면서 현재는 도일의 허클베리가 9,000살 정도가 아닐까 추정되고 있다. 물론 9,000살이 별거 아니라는 말은 아니다.

007 파머 참나무

Palmer's Oak

나이

1만 3,000살

위치

미국 캘리포니아 주 리버사이드

별명

주루파 언덕 참나무

일반 이름

파머 참나무

학명

케르쿠스 팔메리Quercus palmeri

생물학자 제프리 로스 이바라가 자신의 연구팀이 연령을 확인한 고령 생물에 대해 이메일로 알려줘서 정말 기뻤다. 무성 번식을 하는 참나무 관목 케르쿠스 팔메리로, 적어도 1만 3,000살 정도 되었고 어쩌면 그보다 2배 이상 더 되었을 수도 있다. 이 나무종은 에드워드 파머가 발견했고 그의 이름을 따서 명명됐다. 에드워드 파머는 독학으로 공부한 식물학자이자 고고학자로 1891년 미 농무부 소속으로 미국 서부와 멕시코 일부 지역을 조사했다. 하지만 캘리포니아 주 리버사이드에 있는 고령 나무는 파머가 발견한 것이 아니라 100여 년 뒤에 신출내기 식물학자였던 이 지역 주민 미첼 프로반스가 발견했다. 프로반스는 이 발견으로 학자로서의 길을 확신하게 되었다.

로스앤젤레스를 출발해 인랜드 엠파이어를 향해 차를 몰았다. 인랜드 엠파이어는 캘리포니아 오렌지 산업의 효시로 알려진 곳인데, 1874년에 브라질에서 오렌지 나무 세 그루를 들여와 심은 것이 그 시초라고 한다. 나는 프로반스와 앤디 샌더스를 만났다. 샌더스는 리버사이드 캘리포니아 주립대학의 식물 표본실에서 일하고 있었다. 그는 프로반스가 마음이 끌리는 진로를 택하도록 하는 데 크게 일조했다. 프로반스가 식물학 현장 수업을 처음 들은 것은 이 참나무를 발견하기 2년 전인 1996년 겨울이었다. 어렸을 때부터 과학에 관심이 많았지만 주변에서는 늘 예술을 하라고 독려했다. 하지만 프로반스는 어렸을 때 여름 내내 자발적으로 포유류 분류법에 대한 책을 읽었을 정도로 과학을 좋아했다. 독학으로 과학을 공부한 프로반스와 파머 두 사람 사이에 어떤 인연이 있는 게 아닐까 하는 생각이 절로 들었다. 샌더스는 프로반스가 처

파머 참나무

0811-0514 (1만 3,000살) 미국 캘리포니아 주 리버사이드

▲ **파머 참나무가 있는 곳에 버려진 쓰레기** # 0311-0964 미국 캘리포니아 주 리버사이드

▼ **파머 참나무** # 0311-0921 (1만 3,000살) 미국 캘리포니아 주 리버사이드

음 접한 식물 사냥꾼에 속한다. ('식물 사냥꾼'이라는 말을 프로반스는 애정을 담아 사용했지만 경멸적인 말로 받아들이는 식물학자들도 있다.) 샌더스는 프로반스에게 주루파 언덕에서 식물 조사를 해보라고 격려했다. 조사를 하기 위해 일대를 돌아다니던 중 프로반스는 우연히 이 참나무를 발견했고 뭔가 특별한 나무임을 즉각 알아차렸다. 10년쯤 뒤에 프로반스는 샌더스, 로스 이바라, 그리고 두 명의 다른 동료와 함께 펴낸 논문에서 이 나무의 연령이 최소 1만 3,000살이라고 밝혔다. 그리고 그보다 훨씬 더 오래되었을 수도 있다.

'아낌없이 주는 나무'라든가 거대한 자이언트 세쿼이아 같은 나무를 기대했다면 생각을 바꾸는 게 좋다. 무성 번식 생물들이 대개 그렇듯이, 고령 나무임을 전혀 알아보지 못하고 지나치기 십상일 것이다. 참나무라는 것조차 알아보지 못할 수 있다. 파머 참나무는 호랑가시나무처럼 날카롭고 뾰족한 잎을 가지고 있다. (호랑가시나무와 친척 관계는 아니다.)

한때 파머 참나무가 살기에 충분히 좋은 환경이었던 이 지역이 홍적세가 끝나가면서 건조해지다가 문자 그대로 말라버렸다. 파머 참나무는 이제는 사라져버린 생태계, 마스토돈과 북미 낙타가 돌아다니던 시절의 생태계가 남긴 유물이다. 낙타가 원래 북미에서 살던 동물이라는 것을 알고 나는 정말 놀랐다. 북미의 낙타 중 일부가 남쪽으로 가서 알파카와 라마가 되었고, 일부는 베링 해협을 건너 아시아로 갔다고 한다. 파머 참나무는 고요히 살아남아서 주택 단지가 개발되고 시멘트 공장이 들어서고 조립식 주택 자

파머 참나무가 있는 곳으로 이어지는 낮은 경사면

0311-0828 (1만 3,000살) 미국 캘리포니아 주 리버사이드

재들이 들락거리고 오프로드 차량이 오가는 것을 모두 지켜보았다. 예전에 있던 필로폰 제조소에서 나온 쓰레기와 버려진 가구들이 언덕의 완만한 경사면에 버려져 있었다. 촬영 장비를 들고 조심하면서 발을 디디려니 꼭대기에 오르기가 쉽지 않았다. 하지만 이렇게 잘 알아볼 수 없는 곳에, 잘 알아볼 수 없는 형태로 존재한다는 점이야말로 파머 참나무가 현재까지 생존할 수 있었던 비결일 것이다. 파머 참나무가 있는 곳은 개인 사유지이고 (많은 무단 통행자들이 있긴 했겠지만) 땅 주인조차 이 나무가 거기 있는지 몰랐을 것이다. 그리고 경사지고 바위가 많은 곳에 있어서 화재가 나도 불길이 잘 미치지 않았을 것이다.

얼마 전에 파머 참나무가 건강히 잘 있는지 샌더스에게 물어보았다. 샌더스는 심한 가뭄이 있긴 했지만 몇몇 줄기에서 새순이 났고 꽃도 많이 피었다고 알려주었다. 하지만 이렇게 덧붙였다. "몇몇 기후 모델이 예측하는 것처럼 이 지역에 장기적으로 가뭄이 이어진다면 파머 참나무는 심각한 위험에 처할 수도 있어요. 이 나무가 견디지 못하고 죽는 데는 이제 추가로 환경 압력이 더 필요한 것 같지도 않아요."

샌더스는 다른 목적에서 이곳을 방문한 적이 있다고 했다. '참나무의 잔뿌리에서 자라면서 영양분을 빨아들이는 균근'에 대해 현장 연구에 나선 균류학자들을 돕기 위해서였다. 이 균근은 아르밀라리아처럼 위협적인 것은 아니었다. "유럽에서 트뤼플을 만들어내는 균류도 이것의 일종입니다. 이곳에서는 그렇게 양질의 트뤼플을 생산해내지 못해서 유감이긴 하지만요. 파머 참나무 아래서 트뤼플을 찾는 사람은 아직 보지 못했어요. 하지만 그러지 말란 법도 없죠."

한편, 프로반스도 열심히 연구하여 최근에는 캘리포니아 남부에서만 서식하는 새로운 나팔종을 발견하기도 했다.

008 판도

Pando

나이

8만 살

위치

미국 유타 주 피시 호

별명

판도, 거대한 사시나무

일반 이름

사시나무

학명

포풀루스 트레물로이데스Populus tremuloides

숲처럼 보이지만 전체가 한 그루의 나무다.

판도는 사시나무 무성 번식 군락인데 하나의 거대한 뿌리 시스템을 가지고 있으며 각각의 '나무'(총 4만 7,000개가 있다)는 하나의 뿌리에서 나온 줄기들이다. 그렇게 해서 13만 평에 펼쳐진, 유전적으로 동일한 거대 개체를 이루고 있다.

사시나무는 북미에 널리 분포돼 있고 뿌리에서 움이 돋아나는 형태와 무성 번식의 생장 방식도 그리 특이한 일은 아니다. 하지만 판도는 그것을 가장 오랜 세월 동안 해왔다. 사시나무는 암수 구별이 있는데 판도는 수컷이다.

라틴어로 '나는 퍼져나간다'는 뜻을 가진 판도는 8만 살가량 된 것으로 여겨지지만 1970년대 이 군락을 처음 발견한 버튼 반스는 많게 잡으면 70만 살까지 되었을 수도 있다고 주장했다. 문제는 두 숫자 모두 추정치라는 점이다. 최근에 분자 과학이 발달하면서 판도의 물리적 경계가 어디까지인지는 전보다 정확하게 규정할 수 있게 되었지만, 정확한 나이를 측정할 수 있는 방법은 아직 없다. 성장률이나 기후 자료 등으로 추정만 할 수 있을 뿐이다.

1992년 콜로라도 대학의 진화생물학 및 생태학 교수 마이클 그랜트는 버튼의 연구를 확장해 판도의 엄청난 몸체량을 계산했다. 최근에 내게 보낸 이메일에 따르면 그는 내셔널 퍼블릭 라디오(NPR)에서 세계에서 가장 큰 생명체라며 아르밀라리아 균류에 대해 이야기하는 것을 듣고 영감을 얻었다고 한다. 라디오를 듣고서

판도, 무성 번식 사시나무 군락

0906-4317 (8만 살) 미국 유타 주 피시 호

판도, 무성 번식 사시나무 군락 # 0906-4711 (8만 살) 미국 유타 주 피시 호

이렇게 생각했다는 것이다. "아니야, 아니야. 세계에서 '가장 큰' 생명체라면 그것보다 더 사랑스러운 모습을 가질 수도 있다고!" 그리고 연구를 계속해서 그 자리에 판도를 등극시켰다.

판도 군락은 매우 정교한 시스템이다. 풍부한 곳에서 그렇지 못한 곳으로 영양분과 수분을 운반한다. 더 놀랍게는, 환경 여건이 달라지면 군락 전체가 더 나은 환경을 가진 곳으로 이동해 간다. 물론 아주 천천히.

그랜트에 따르면 판도가 광대한 지역에 걸쳐 생장할 수 있었던, 그리고 오랜 세월 생존할 수 있었던 주요 요인은 많지도 적지도 않은 화재와 수분이었다. 화재가 침엽수림이 잠식해 들어오는 것을 막을 수 있을 정도로는 충분했지만 판도 군락에까지 영향을 줄 정도로 잦지는 않았으며, 토양의 물도 나무에 필요한 수분을 공급하기에 충분한 정도로는 많았지만 늪지를 만들어 군락을 덮어버릴 정도로 많지는 않았다는 것이다.

하지만 인간의 개입은 판도에 상당한 손상을 입혔다. 도로, 주택, 캠핑장 등이 판도 군락을 침범했다. 더 안 좋은 일도 있었다. 피시 호 삼림 관리국이 군락 중앙부의 상당한 영역을 개벌해버린 것이다. 산불 없이도 새순이 트는 것을 촉진할 수 있게 한다는 명분이었지만 개벌된 곳에서 새로 돋은 새순을 사슴이 모두 먹어버렸다. 그러자 삼림 관리국은 개벌을 더 하고 울타리를 쳤다. 그런데 이번에는 너무 중심부까지 개벌을 하는 바람에 판도 군락의 원시림 형태를 되돌릴 수 없이 위협했다. 아이러니하게도 버려진 나뭇가지들은 어쨌거나 불에 타게 될 운명이었다. 주민들에게 공짜 장작으로 제공된 것이다.

판도는 짧은 영예를 누리기도 했다.

2006년 미국 우정국이 '최고의 것들이 존재하는 땅, 미국의 경이로운 것들'이라는 우표 시리즈를 내놓은 것이다. 가장 빠른 새! 가장 큰 개구리! 가장 긴 지붕 덮인 다리! …… 여기에서 판도는 '가장 큰 식물'이었다. (브리슬콘도 목록에 올랐다.) 하지만 이 기념우표는 대상의 중요성에 걸맞은 상상력을 북돋워주지는 못한 것 같다. 그보다는 지구에서 가장 위대한 생명체의 발견을 '형편없는 티셔츠 기념품'으로 전락시켜버린 느낌이다.

최근에 그랜트와 다시 이야기할 기회가 있었는데, 자신은 지난 10년간 판도를 직접 보지 못했지만 사람들로부터 판도의 건강이 약해지고 있다는 말을 들었다고 한다.

경이로울 정도로 커다랗고 오래되었으며 복잡하고 아름다운 이 생명체를 보존하고 관리하는 데 인간은 많은 실수를 했다. 판도를 보호하려면 즉각적인 개입이 필요한데 현재의 삼림 관리에는 큰 그림이 빠져 있다. 판도를, 그리고 2,000살이 넘은 모든 생물을 유네스코가 유산으로 지정해서 보호하면 좋겠다.

▲ **"아름다움과 땔감을 제공해주는 사시나무"** # 0906-5033 미국 유타 주 피시 호

▼ **개벌된 판도** # 0906-4717 (8만 살) 미국 유타 주 피시 호

009 상원의원 나무

The Senator

나이

3,500살(현재는 살아 있지 않음)

위치

미국 플로리다 주

별명

상원의원 나무

일반 이름

폰드 사이프러스

학명

탁소디움 아센덴스Taxodium ascendens

나무는 아무 관심도 받지 못한 채로 일주일이나 불타고 있었다. 2012년 1월 16일, 최고령 사이프러스 나무 중 하나인 상원의원 나무가 화염에 휩싸인 채 쓰러져 죽었다. 향년 3,500살.

이번이 두 번째 방문이었다. 처음은 2007년이었는데 아프리카에서 진짜배기 모험을 하고 돌아온 직후라 내 상상을 그리 자극하지 못했다. 상원의원 나무는 올랜도 시내에서 쇼핑가를 20분 정도 지나가면 나오는 빅 트리 공원(참 적절한 이름이다)의 주요 명소였다. 사실 이 나무는 디즈니랜드가 생기기 전 시절 사람들이 말과 마차를 타고 찾아오던 올랜도의 대표적 관광 명소였다. 나는 친구의 차를 타고 그곳에 갔다. 우리는 주차장에 차를 대고 한때 늪지대였던 곳에 널빤지로 만들어놓은 길을 따라 몇백 미터쯤 걸어갔다. 그랬더니 갑자기 그 나무가 나타났다. 1927년에 상원의원 M. O. 오버스트리트를 따서 상원의원 나무라고 명명된 이 나무는 꽤 인상적으로 크고 튼튼한 나무였다. 그리고 옆에는 2,000살 된 레이디 리버티 나무가 있었다. 레이디 리버티 나무는 사람 눈높이쯤 되는 밑부분이 옹이가 져서 도톰해진 것 말고는 날씬한 몸매를 하고 있었는데, 상원의원 나무와는 1,500살의 나이 차이를 뛰어넘은 연인처럼 보였다. 가족과 함께 놀러온 사람들은 카메라를 들고 두 그루의 나무 사이를 왔다 갔다 했고 아이들은 금세 지루해하면서 놀이터로 뛰어가곤 했다.

한 부부가 나무 앞에서 사진을 찍어달라고 해서 그들의 디지털 카메라로 사진 한 장을 찍었다. 그러고 나서 나도 필름 카메라를 꺼내 나무 사진을 찍었다. 하지만 인화를 해보니 무언가가 빠져

그을린 채 남아 있는 상원의원 나무, 대머리 사이프러스

0212-0149 2012년 1월 16일 사망(3,500살) 미국 플로리다 주 세미놀 카운티

있었다. 흥미로운 구성 요소들이 일부 있긴 했지만 이 놀라운 존재의 영혼을 담아내지는 못한 것이다.

그래서 기회가 닿으면 상원의원 나무를 다시 찾아와야겠다고 마음먹었다. 그로부터 5년간 나는 그린란드, 칠레, 호주, 타즈마니아 등지로 고령 생명체들을 찾아다녔다. 하지만 상원의원 나무에 다시 와보지는 못했다. 플로리다 주에 식구들을 만나러 몇 차례나 왔는데도 말이다. 상원의원 나무는 마음만 먹으면 쉽게 볼 수 있을 것 같아서(반면, 이란에 있는 더 오래된 사이프러스 나무에 가는 일은 더 어렵고 위험하게 느껴졌다) 굳이 가볼 시간을 내지 않게 되었던 것이다. 상원의원 나무는 늘 거기 서 있을 것 같았다. 3,500년을 살았는데 3,505년이라고 살지 못할 게 무언가?

하지만 상원의원 나무는 3,505년을 살지 못했다.

굉장히 긴 수명을 가진 생물들은 우리가 영원이라는 거짓 감각을 믿게 만든다. 우리는 지금 여기에 있는 것이 변하지 않고 계속 그 자리에 있을 것이라고 믿으면서 장기적인 생각 없이 현실의 일상에 쉽게 파묻혀버린다. 하지만 오래 살았다고 해서 불멸인 것은 아니다. 그리고 두 번째 기회가 있다 해도 그 기회가 마냥 기다려주는 것도 아니다. 하지만 비교적 접근하기 쉬워 보이고 긴급해 보이지 않았기에 상원의원 나무를 재방문하는 것은 내 우선 순위에서 계속 뒤로 밀리고 있었다.

2012년 2월 8일, 5,500살 된 이끼를 찾으러 남극행 배에 오르기 며칠 전 나는 상원의원 나무의 남아 있는 부분을 보러 왔다. 공원의 문 앞에서(문은 잠겨 있었다) 세미놀 카운티 자연 지역 프로그램 매니저인 짐 두비를 만났다. 짐은 불이 난 이후로 그곳을 매일 찾고 있었다. 그때는 화재의 원인이 아직 밝혀지지 않은 상태였는데 번개 등에 의한 자연 발화도 가능성 중 하나로 거론되고 있었다. 하지만 두비와 이야기를 하고 나니 이 나무의 사망 원인이 인간이 아니라고는 생각되지 않았다. 문제의 몇 주일 동안 번개가 쳤다는 기록이 없는 데다 나무 주위에는 피뢰침도 설치돼 있었던 것이다. 나무가 스스로 몸에 불을 질렀을 리도 없고 말이다.

상원의원 나무, 대머리 사이프러스
0907-0107 (3,500살, 현재는 살아 있지 않음) 미국 플로리다 주 세미놀 카운티

불이 나기 전 상원의원 나무는 몸통 속이 많이 비어 있었다. 몸통 아랫부분에 난 구멍은 예전에는 콘크리트로 막혀 있었지만 점점 커져서 사람이 비집고 들어가 나무의 빈 몸통 안에 설 수 있을 정도였다. 적어도 나무 몸통 안에 성냥을 던져 넣고 도망갈 수 있을 정도는 되었다. 상원의원 나무는 속이 빈 덕분에 오래도록 벌목의 위험을 벗어날 수 있었을 것이다. 하지만 벌목에서 목숨을 지켜준 바로 그 이유가 이번에는 죽음의 이유가 되었다.

무엇이 상원의원 나무를 죽게 했느냐고? 필로폰에 취해 공원에 몰래 들어와 나무 안으로 들어간 20대 젊은이들이었다. 이들은 마약을 더 잘 보려고 성냥(어쩌면 라이터)을 켰고 갑자기 상원의원 나무의 몸통은 굴뚝이자 땔감이 되었다.

상원의원 나무는 제2의 삶을 살 기회를 얻었다. 몇 년 전에 나뭇가지를 일부 잘라내 접붙이기에 성공한 것이다. 2013년 2월 세심한 뿌리 안정화 과정을 거친 뒤 12미터의 접목이 상원의원 나무가 있던 원래 자리에 성공적으로 식수됐다. 그리고 벌써 새로운 생장을 보이면서 키도 크고 있다. 또한 네 명의 장인과 몇몇 연구소들이 선정되어 상원의원 나무의 명예를 기리는 작업에 참여하고 있으며 그루터기는 놀이터에 포함됐다.

세미놀 카운티는 새롭게 식수된 상원의원 접목의 이름을 공모했다.

주민들이 정한 이름은 '불사조'였다.

010 지도 이끼

Map Lichens

나이

3,000~5,000살

위치

그린란드

별명

없음

일반 이름

지도 이끼

학명

리조카르폰 게오그라피쿰Rhizocarpon geographicum

아이슬란드의 레이캬비크에서 그린란드 나르사수아크 공항으로 가는 비행기를 놓치면 다음 비행기까지 일주일을 꼬박 기다려야 한다. 2008년 8월의 어느 목요일, 나는 업스테이트 뉴욕에 있는 바드 칼리지 미술학 석사 여름 프로그램을 마치고 학기말 파티는 건너뛴 채 숙소에서 부지런히 짐을 챙겨 뉴욕의 집으로 돌아갔다. 그리고 다시 급히 짐을 챙겨 아이슬란드로 날아갔다. 레이캬비크에서 다른 공항으로 가서 다시 나르사수아크로 가는 연결편을 타기까지 1시간도 안 남아 있었다. 무사히 나르사수아크에 도착한 뒤 난생 처음 헬리콥터를 탔다. 창밖에 보이는 태곳적 풍경과 그린란드 땅 대부분을 덮고 있는 내륙 빙하가 눈길을 사로잡았다.

2007년 여름 시베리아 방선균 사진을 찍는 동안 코펜하겐의 어느 카페에서 진화생물학자 마틴 베이 헵스가르드를 처음 만났다. 헵스가르드는 5,000살이 넘었을 것으로 보이는 그린란드의 몇몇 지의류에 대해 말해주면서 덴마크 고고학 연구팀을 지원하러 가는데 함께 가자고 나를 초대했다. 덴마크 고고학자들은 지의류가 지표에서 성장하는 속도를 측정하는 지의계측법을 활용해서 노르웨이 유적지에 대해 그들이 추정한 연대를 확인하려 하고 있었다. 지의계측법은 빙하의 운동을 측정하는 데도 유용한 도구다.

나는 흔히 '지도 이끼'지도 이끼는 이끼류가 아니라 지의류다. 지의류는 한국어로는 일반 용어가 없고 그냥 이끼로 불리는 경우가 많아 리조카르폰 게오그라피쿰의 일반명 map lichen은 지도 이끼로 옮겼다. 생물 분류상으로 이끼류와 지의류는 완전히 별도의 생물군에 속한다. 지도 이끼만 예외고, 책의 다른 곳에서는 moss는 '이끼'로, lichen은 '지의류'로 옮겼다.-옮긴이라고 불리는 리조카르폰 게오그라피쿰을 찾으러 그린란드에 갔다. 하지만 일정은 닥치는 대로였다. 크게 봐서 근처에 온 것은 맞았지만 정확한 좌표는 없었다. 그리고 사실 그곳에서 발견하게 되는 것이 최고령 이끼라고 확증할 분명한 근거도 없었다.

짧은 여름의 끝 무렵에 우리는 카코르톡을 벗어나 하루는 북쪽으로 하루는 남쪽으로 하이킹을 했다. 하늘은 회색빛이었고 만에는 빙하가 둥둥 떠다녔다. 이끼가 깔린 땅은 호사스러울 정도로 부드러웠고 바위는 온갖 색의 지의류로 덮여 있었다. 루돌프 사슴 같은 빨간 지의류, 바위에 붓으로 색칠해놓은 듯한 노란 지의류, 그리고 보라, 초록, 오렌지색의 지의류들. 마을 쪽과 가까운 검정과 회색의 지의류 들판에는 사람들이 새겨놓은 이름, 날짜, 전화번호가 가득했다. 이름하여 지의류 그래피티, 아니 낙서를 그린 것이 아니라 긁어내 만들었으니 지의류 스크래치티라고 해야 할까. 세계 최고령 지의류를 이런 식으로 찾아 나서다니 심각하면서도 마음이 가벼웠다. 말이 좀 안 되긴 하지만, 살아 있는 다른 생명체에 한 번도 노출된 적이 없는 고대의 생명을 발견하지 못할 가능성도 어차피 마찬가지였다.

균류로 분류될 때도 있지만 사실 지의류는 광합성을 하는 녹조류나 남조류가 균류와 혼합돼 공생하는 형태다. 극히 험한 환경에서도 번성할 수 있지만, 일반적으로는 오염되지 않은 환경이어야 잘 자란다. 리조카르폰 게오그라피쿰은 다른 2종의 지의류와 함께 운석을 타고 지구에 들어오는 미생물이 성공적으로 살아남을 수 있을지 알아보는 실험에 쓰이기도 했는데, 열흘 동안 우주에

무제, 그린란드 이갈리쿠 피오르

노출되었다가 지구에 살아 돌아왔기 때문에 '외계의 악조건에 상당한 저항성을 가지고 있음'을 보여주었다. 그린란드에 있는 지도 이끼는 100년에 1센티미터씩 자란다. 대륙들이 서로 멀어지며 이동하는 속도가 그것보다 100배는 빠르다. 인간의 시간에 빗댄다면, 평생 동안 1센티미터가 자라는 것이다.

가장 큰 지도 이끼를 발견했다고 확증할 길은 없었기 때문에 우리는 주어진 시간 안에서 찾을 수 있는 가장 큰 것을 찾고자 했다. 그 주 후반부에 나는 앞서 말한 고고학자 팀에 합류해 이끼 사냥을 계속할 예정이었고, 헵스가르드는 싱가포르에 가기로 되어

▲ **지도 이끼, R. 게오그라피쿰** # 0808-04A05 (3,000살) 그린란드 남부

▼ **노르웨이 유적지, 그린란드 이갈리쿠**

있었다. 그런데 일이 좀 꼬였다. 헵스가르드는 위성 전화로 통화를 하더니, 고고학자들의 배가 부서졌다며 이곳 현지인에게 모터보트를 빌려 나 혼자 그들이 있는 곳까지 가야 한다고 말했다. 그리고 모터보트로 나를 데려다줄 현지인 한 명을 구해주었다. 헵스가르드를 배웅하러 헬기 이착륙장까지 함께 걸어가는 동안, 그는 나를 안심시키면서 '가서 노란 집을 찾으면 된다'고 알려줬다. 내가 그린란드의 저쪽 반대편에 있는 고고학자들에게 혼자 갈 수 있을지 걱정하자 헵스가르드는 너털웃음을 터뜨렸다. 나는 그에게 인사를 하고 항구 쪽으로 내려왔다.

모터보트를 타고 가는 동안 보이는 절벽 쪽 광경은 매혹적이었다. 한 피오르에서 우회전을 해서 1시간쯤 올라간 뒤, 내 눈에는 다른 만들과 똑같아 보이는 작은 만으로 들어갔고, 보트를 모는 사람은 우리가 목적지에 도착했다고 말했다.

여기는 '데인란드 어'(덴마크 어와 그린란드 어가 합해진 방언)로 소드르 이갈리쿠였다. 바위에 기어오르고 성가시게 끈적거리는 극지방의 진흙길을 헤치고 가다가 밝은 오렌지색의 구명복을 보았다. 외지 사람만 사용하는 것임이 한눈에도 명확했다. 그리고 흙길 위쪽으로(다시 진흙길로 갈 게 아니라면 방향은 하나뿐이었다) 노란 집이 보였다. 모터보트 주인(아무리 해도 그의 이름은 외워지지 않았다)은 더듬거리는 영어로 작별인사를 하면서 양 목장이 근처에 있을지 모르니 도움이 필요하면 찾아가보라고 했다. 나는 그냥 카코르톡으로 돌아갈까 잠시 고민했지만 그러지 않기로 했다.

캠핑 장비가 든 배낭은 등에, 카메라 가방은 앞에 메고서 노란 집을 향해 언덕을 오르기 시작했다. 문은 닫혀 있었지만 잠겨 있지는 않았다. 얼마 전까지 사람이 있었던 것 같은데 지금은 아무도 없었다. 메모가 남겨져 있는지 살펴보았지만 그런 것은 없었다. 아마 오후 4시나 5시쯤 되었을 것이다. 삼류 공포영화에서 튀어나온 듯한 누더기 인형 하나가 구석에서 나를 보고 있었다. 내가 처한 상황이 얼마나 심각한지가 갑자기 절실히 느껴졌다. 망망한 곳에 나 혼자인 것이다. 전화를 걸 만한 사람도 없고, 식품이나 생필품도 없으며, 도움을 청하러 누구에게 어디로 가야 할지도 알 수 없고, 노란 집 사람들이 내가 온다는 사실을 알고 있는지도 확실치 않으며, 그들이 언제 돌아올지도 알 수 없었다. 나는 카메라만 빼고 다른 것들은 모두 집 안에 놓고 밖으로 나왔다.

내 평생 그렇게 완전하게 홀로 존재해본 적은 없었다. 주변은 너무나 고요했고 그 고요함의 무게가 고막을 눌렀다. 심장이 쿵쿵 뛰었다.

노란 집 주위에 건물이 몇 개 더 있었다. 버려진 시기는 각기 다른 것 같았지만 어쨌든 모두 버려진 상태였다. '스낵 바'라고 쓰인 허름한 오두막을 보니 그 와중에도 웃음이 나왔다. 경사면을 따라 올라갔더니 정말로 사람이 살고 있는 시골집이 있었다. 내가 조심스레 가파른 계단을 올라가자 개가 짖었다. 나는 노크를 하고 기다렸다. 그리고 다시 노크를 했다. 드디어 문이 열리고 한 남자가 나타났다. 40대 후반쯤 되어 보이는 마른 남자였는데 아무 표정이 없었다. 외진 황야에 있는 자기 집에 웬 여자가 혼자 나타났는데도 전혀 놀라거나 어리둥절해 하지 않았다. 그는 영어를 못하고 나는 그린란드 말을 못했다. 나는 눈썹 위에 손차양을 만들어 두리번거리는 시늉을 하면서 '사람을 찾는다'는 의미를 전달하려고 노력했다. 아무 반응이 없었다. 이번에는 땅을 파는 시늉을 하면서 '고고학자'를 나타내려고 했다. 역시 아무 반응이 없었다. 지난 주 카코르톡에서 디지털 카메라로 고고학자들의 사진을 찍었던 것이 갑자기 생각나서 카메라를 꺼내 보여줬다. 그는 해독 불가능한 고갯짓을 몇 번 하더니 길 아래쪽을 가리켰다. 내가 알아들은 유일한 단어는 '킬로미터' 비슷한 단어였다. 그리고 그는 문을 닫고 들어가버렸다.

늙은 이끼를 찾으러 준비도 없이 너무 멀리 돌아다니다가 북극의 어느 황야에서 변사체로 발견되지는 않아야 했다.

노란 집으로 돌아와서 만약을 위해 가지고 있던 한 끼 분량의 식사를 준비했다. 수도는 없었지만 부엌에 물 항아리가 있었다. 강에서 길어온 것인 듯했다. 어두워지려면 몇 시간 더 있어야 했지만 누군가 지나가다가 알아볼 수 있도록 초를 켜서 창에 놓아두었다. 불안했지만 그날 밤을 차분히 지내야 한다고 스스로를 다독였다. 나는 인형과 눈을 마주치지 않으려고 애를 썼다.

말똥말똥한 상태로 한두 시간쯤 보낸 뒤에 트럭 소리가 들렸다. 한 부부가 문 쪽으로 오는 것을 보자 안도의 숨이 나왔다. 이 집 주인이었다. 고고학자들은 팀을 둘로 나눠서 두 군데의 발굴 현장으로 간 모양이었다. 한 팀은 만에서 먼 쪽으로 갔고 다른 팀은

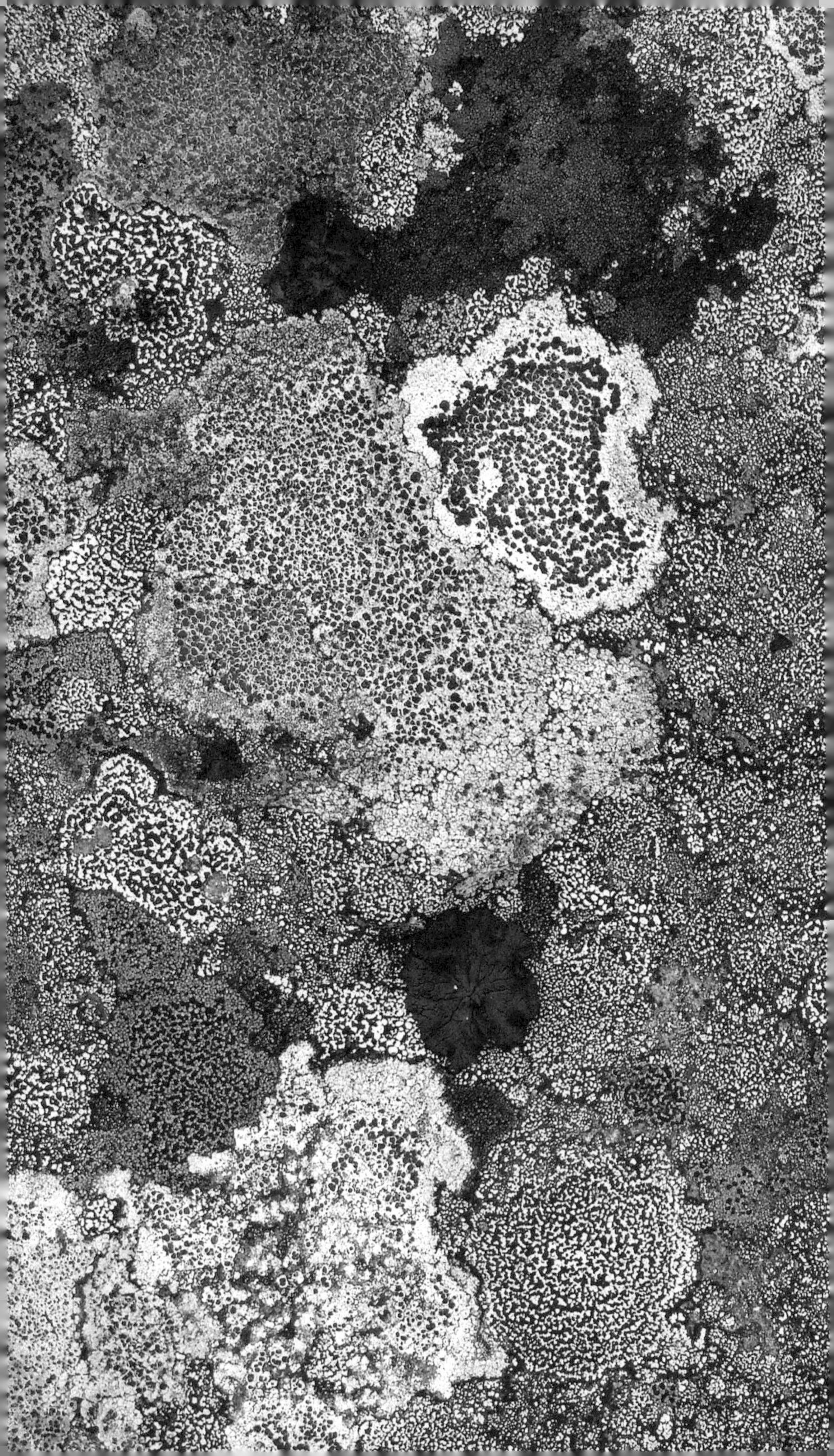

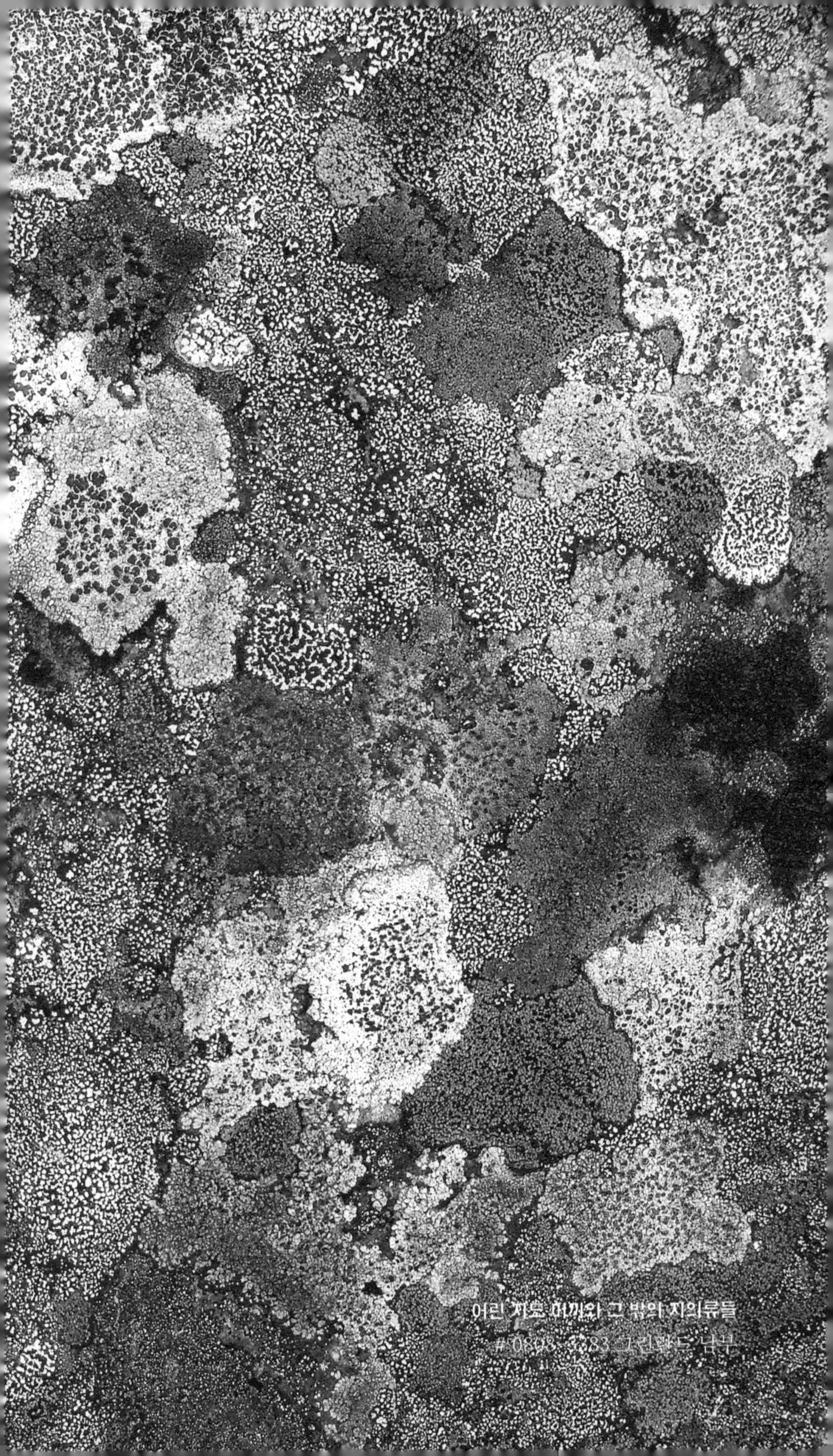

어린 지도 이끼와 그 밖의 지의류들
#0808-3383 그린란드 남부

길 아래 2, 3킬로미터쯤 떨어진 곳에 있다고 했다. 나는 짐을 챙겨서 그들의 트럭에 올라탔다. 안도감이 물밀듯이 밀려왔다.

자그마한 학교 건물에 도착한 무렵에는 어두워져 있었다. 노크를 하고 들어가니 TV가 켜져 있었다. 이 팀은 뉴욕 시티 대학의 대학원생 세 명으로 이뤄져 있었는데 〈캐리비언의 해적〉을 보고 있었다. 그들은 내게 정말 필요했던 술을 한 잔 내주었다. 그리고 내가 자신들을 찾아낸 것을 재미있어 했다. (놀라워하지는 않았다.) 어처구니가 없었다. 아무도 메모 남길 생각조차 하지 않았다니 생각할수록 화가 났다. 그리고 준비 없이 혼자서 황야를 돌아다니는 일은 절대로 하지 말아야겠다고 생각했다.

사실 내가 길을 잃은 시간은 8시간도 채 안 될 것이다. 하지만 돌이켜 생각해보면 '진정으로 홀로 존재하는' 경험이 얼마나 드문 일인지 새삼 놀라게 된다. 동류의 생명체로부터 완전히 단절되어 홀로 존재하는 경험. 수천 년을 이 광막한 곳에서 외롭게 생존해온 지의류를 보면서, 나는 누구와도 어떤 형태로도 연결되지 않는 상태로 보내는 몇 시간이 얼마나 길게 느껴지는지 깨달았고 절로 겸허한 마음이 되었다.

다음 날, 이번 여정에서 찾은 지도 이끼 중 가장 오래된 것을 발견했다.

▲ **바위** # 0808-03A01 그린란드 남부

▼ **헛간** # 0808-15B33 그린란드 카코르톡

린네의 분류표

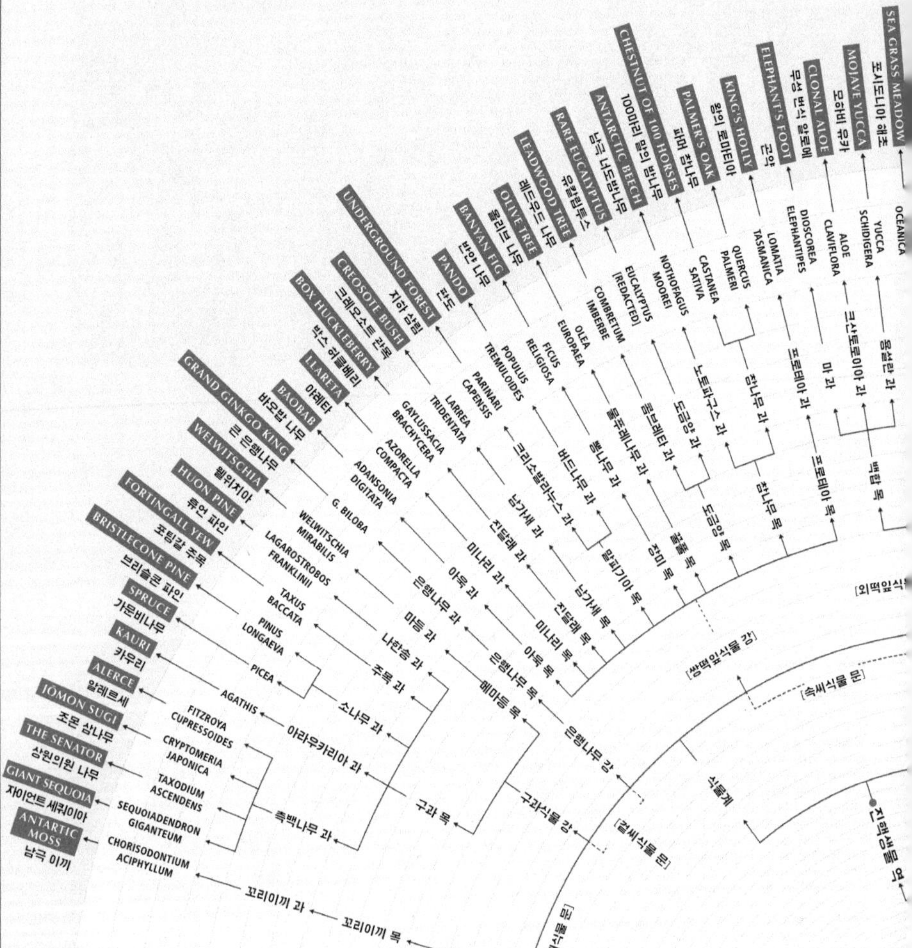

SEA GRASS MEADOW
포시도니아 해초
OCEANICA
MOJAVE YUCCA
모하비 유카
YUCCA SCHIDIGERA
용설란 과
CLONAL ALOE
무성 번식 알로에
ALOE CLAVIFLORA
크산토로이아 과
백합 목
ELEPHANT'S FOOT
곤약
DIOSCOREA ELEPHANTIPES
마 과
KING'S HOLLY
왕의 로마티아
LOMATIA TASMANICA
프로테아 과
프로테아 목
PALMER'S OAK
파머 참나무
QUERCUS PALMERI
CHESTNUT OF 100 HORSES
100마리 말의 밤나무
CASTANEA SATIVA
참나무 과
참나무 목
ANTARCTIC BEECH
남극 너도밤나무
NOTHOFAGUS MOOREI
노토파구스 과
RARE EUCALYPTUS
유칼립투스
EUCALYPTUS [REDACTED]
도금양 과
도금양 목
LEADWOOD TREE
레드우드 나무
COMBRETUM IMBERBE
콤브레타 과
OLIVE TREE
올리브 나무
OLEA EUROPAEA
물푸레나무 과
꿀풀 목
BANYAN FIG
반얀 나무
FICUS RELIGIOSA
뽕나무 과
장미 목
PANDO
판도
POPULUS TREMULOIDES
버드나무 과
말피기아 목
UNDERGROUND FOREST
지하 삼림
PARINARI CAPENSIS
크리소발라누스 과
CREOSOTE BUSH
크레오소트 관목
LARREA TRIDENTATA
남가새 과
남가새 목
BOX HUCKLEBERRY
박스 허클베리
GAYLUSSACIA BRACHYCERA
진달래 과
진달래 목
LLARETA
야레타
AZORELLA COMPACTA
미나리 과
미나리 목
BAOBAB
바오밥 나무
ADANSONIA DIGITATA
아욱 과
아욱 목
[외떡잎식물 강]
[쌍떡잎식물 강]
[속씨식물 문]
GRAND GINKGO KING
큰 은행나무
G. BILOBA
은행나무 과
은행나무 목
은행나무 강
WELWITSCHIA
웰위치아
WELWITSCHIA MIRABILIS
마등 과
마등 목
HUON PINE
휴언 파인
LAGAROSTROBOS FRANKLINII
나한송 과
FORTINGALL YEW
포팅갈 주목
TAXUS BACCATA
주목 과
BRISTLECONE PINE
브리슬콘 파인
PINUS LONGAEVA
SPRUCE
가문비나무
PICEA
소나무 과
KAURI
카우리
AGATHIS
아라우카리아 과
ALERCE
알레르세
FITZROYA CUPRESSOIDES
JOMON SUGI
조몬 삼나무
CRYPTOMERIA JAPONICA
THE SENATOR
상원의원 나무
TAXODIUM ASCENDENS
GIANT SEQUOIA
자이언트 세쿼이아
SEQUOIADENDRON GIGANTEUM
측백나무 과
구과 목
구과식물 강
[겉씨식물 문]
식물계
진핵생물 역
ANTARTIC MOSS
남극 이끼
CHORISODONTIUM ACIPHYLLUM
꼬리이끼 과
꼬리이끼 목
선태식물 강
[선태식물 문]

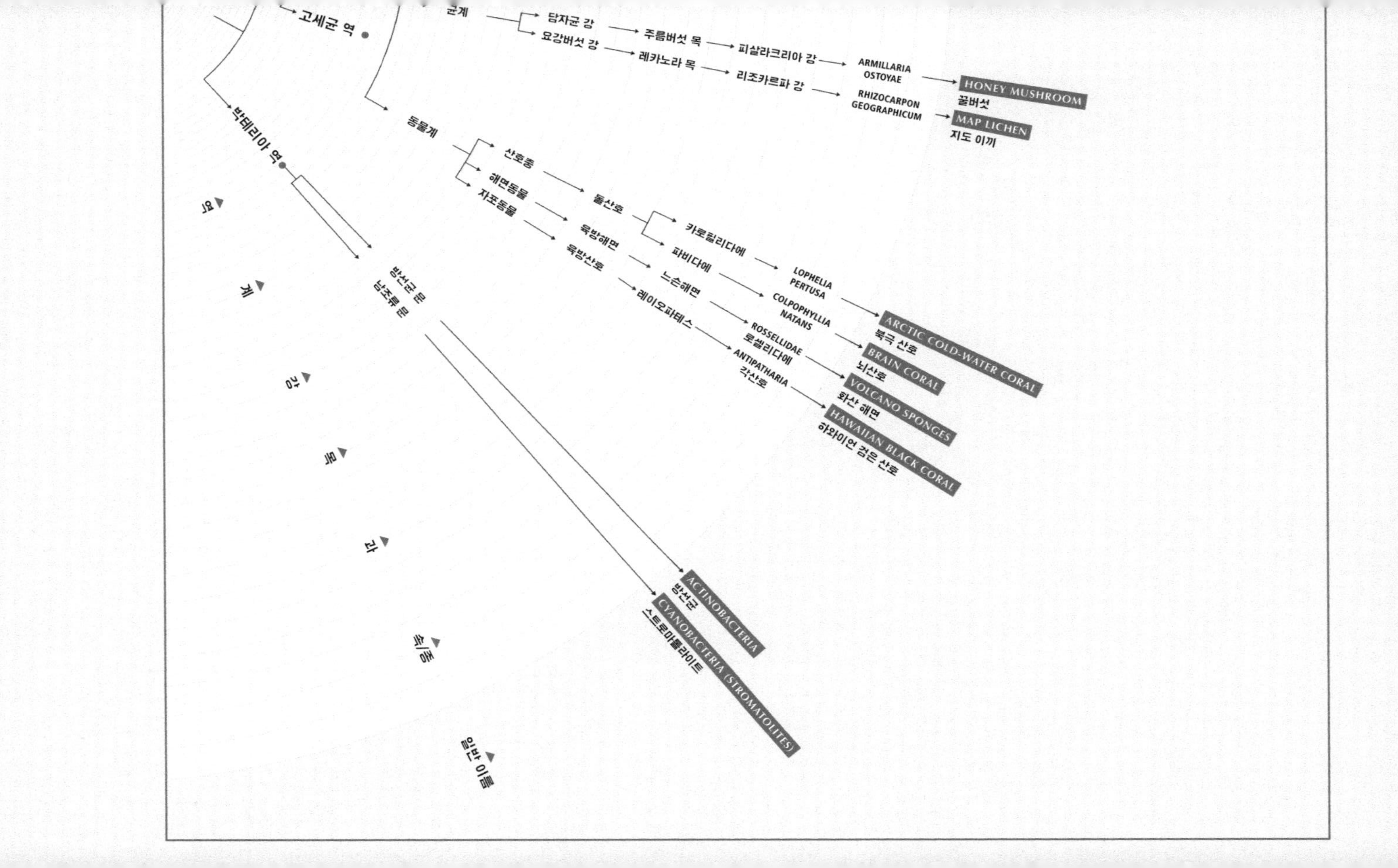

고세균 역
균계
담자균 강
요강버섯 강
주름버섯 목
레카노라 목
피살라크리아 강
리조카르파 강
ARMILLARIA OSTOYAE
RHIZOCARPON GEOGRAPHICUM
HONEY MUSHROOM
꿀버섯
MAP LICHEN
지도 이끼
동물계
산호충
해면동물
자포동물
돌산호
육방해면
육방산호
카로필리다에
파비다에
느슨해면
레이오파테스
LOPHELIA PERTUSA
COLPOPHYLLIA NATANS
ROSSELLIDAE
로셀리다에
ANTIPATHARIA
각산호
ARCTIC COLD-WATER CORAL
북극 산호
BRAIN CORAL
뇌산호
VOLCANO SPONGES
화산 해면
HAWAIIAN BLACK CORAL
하와이언 검은 산호
박테리아 역
방선균 문
남조류 문
ACTINOBACTERIA
방선균
CYANOBACTERIA (STROMATOLITES)
스트로마톨라이트
역
계
강
목
과
속/종
일반 이름

남아메리카

011 야레타

Llareta

나이

3,000살

위치

칠레 아타카마 사막

별명

없음

일반 이름

야레타

학명

아조렐라 콤팍타Azorella compacta

야레타는 지구상에서 가장 건조한 장소로 꼽히는 아타카마 사막에 산다. 이곳의 일부는 '절대 사막'이라 불린다. 절대 사막이라는 말을 들으면 물리학에서 사용하는 절대 외부absolute elsewhere '현재-여기'와 인과적으로 연결될 수 없는 시공간성 간격만큼 떨어진 영역을 의미한다.-옮긴이라는 표현이 생각난다. 그러다 보면 생각은 철학적인 쪽으로 빠진다. 아타카마 사막에는 인간이 강우량을 측정하기 시작한 이래 비가 단 한 방울도 오지 않은 지역도 있다. 그전에도 비가 내리지 않았을 것이다. 만물의 거대한 체계에 비하면 인간의 기록이란 얼마나 사소한지. 하지만 엉뚱한 사실 하나를 알게 된 덕분에 너무 철학적으로 흘러가지 않을 수 있었다. 야레타는 산형과에 속하는데 파슬리, 당근, 샐러리, 회향, 그리고 그 밖에 당신이 오늘도 먹었을 온갖 흔하고 향긋한 나물들과 친척 관계다. 야레타는 절대 사막보다 위쪽에 있는 고지대에 산다. 바다에서 오는 안개와 소량의 비가 습기를 제공한다.

나는 누군가가 플리커에 남겨놓은 메모를 보고 야레타에 대해 처음 알게 됐다. 모르는 사람이었는데 내가 곧 칠레에 갈 거라고 블로그에 올린 글을 보았다고 했다. 3,000살 된 파슬리를 찾으러 절대 사막에 간다는 생각이 퍽 마음에 들었다. 아리카에서 만난 식물학자 엘리아나 벨몬트가 자신이 교수로 재직하는 타라파카 대학에서 소형 화물차를 빌려줬다. 우리는 해변을 출발해서 알티플라노(안데스 산맥의 고원)를 향해 가파른 길을 올라갔다. 벨몬트는 내 친구인 토니아 스티드의 새어머니의 친구였다. 토니아도 합류할 계획이었지만 여권에 문제가 생겨서 오지 못했다. 그래도 산티아고에 사는 토니아의 오빠네 집에 묵을 수 있었다. 벨몬트는 이

야레타 # 0308-23B26 (최대 3,000살로 추정) 칠레 아타카마 사막

고지대에서 자라는 유일한 나무인 케뉴아 나무를 연구하는데, 다른 토착 식물에 대해서도 방대한 지식을 가지고 있었다. 벨몬트는 자신의 운전사인 마리솔을 며칠간 내가 고용할 수 있게 해주었다.

아리카를 벗어나서 처음 내린 곳은 차 한 잔과 산소를 얻을 수 있는 곳이었다. 벨몬트의 친구 몇 명이 DIY 사막 투어와 교육 프로그램을 운영하고 있었다. 집 안에 마련된 투어 센터는 히피 공동촌처럼 보였는데 온갖 보물들이 있었다. 화석, 화살촉, 오래된 도자기, 천궁 지도, 아인슈타인 사진 등등. 그리고 투석 기계처럼 보이

베이비 야레타 # 0308-2539 칠레 라우카 국립공원

는 것도 있었는데 이것이 산소였다. 우리는 이미 3,000미터 고도에 있었고, 고산증으로 심장이 평소보다 빠르게 뛰는 것이 느껴졌다. 그들은 숨쉬기 연습법을 알려줬다. 1. 한 손을 앞으로 뻗었다가 반대쪽 콧구멍을 막는다. 2. 깊이 숨을 쉰다. 3. 반대쪽 손으로 반대쪽 콧구멍을 막고 깊이 숨을 쉰다. 4. 이것을 10회 반복한다. 그다음은 산소마스크 차례였다. 그리고 코카 잎과 그 집 아이들이 근처에서 따온 여러 식물로 만든 차가 나왔다. 이제 적응이 된 것 같았다.

그날 오후 우리는 더 고지대에 있는 작은 마을 푸트레에 갔다. 야레타를 찾으려면 더 높은 곳으로 가야 했기 때문에 미리 적응하기 위해서였다. 늦은 오후의 긴 햇살 속에서 마을을 둘러보고 라팔로마 식당에 갔다. 메뉴가 '오늘의 메뉴' 하나뿐인 곳이었는데 나는 고기를 먹지 않기 때문에 약간 문제가 생겼다. 나는 채소를 조금 요리해줄 수 없겠느냐고 물었고 그들은 마지못해 그러겠다고 했다. 벨몬트는 파스타도 좀 만들어달라고 부탁했다. 채소를 얹은 파스타를 예상했지만 정작 삶은 스파게티 국수만 나왔다. 식탁에 있는 양념(소금, 매운 살사 등)을 총동원했지만 맨 국수에 맛을 더하기에는 한계가 있었다. 나중에 알게 되었는데, 라팔로마의 주인은 라팔로마뿐 아니라 호텔, 상점, 우체국 등 푸트레의 온갖 비즈니스를 소유하고 있었다. 그런데 그들에게 가장 중요한 사업은 인근 볼리비아와의 국경 지역에서 운영하는 마약 비즈니스였다. 내 저녁 식사에 그리 관심이 있었겠는가.

다음 날 우리는 가장 큰 야레타들을 찾아 나섰다. 바위를 덮고 있는 이끼처럼 보이는 것이 사실은 끄트머리에 작은 잎들이 엉켜 있는 수천 개의 줄기로 이뤄진 관목이었다. 아주 빽빽해서 그 위에 올라설 수 있을 정도다. 고도가 4,500미터여서 사진을 찍을 때 어지럼증이 느껴졌다. 야레타는 봄에 노란 꽃을 피우는데 우리가 갔을 때는 꽃을 볼 수 있는 철이 아니었다. 야레타는 밀도가 높고 수분이 없어서 토탄처럼 불에 잘 탄다. 연료로 효용이 크다는 점은 야레타의 생존을 위협하고 있다. 야레타 보호가 임무인 공원 관리인마저 추운 밤에는 체온 유지를 위해 야레타를 땐다고 알려져 있다. 야레타는 1년에 고작 1센티미터 정도 자라므로 연료로 사용하

▲ **야레타 들판 혹은 '야레탈'** # 0308-2519 칠레 아타카마 사막

▼ **죽어가는 야레타** # 0308-2B29 칠레 아타카마 사막

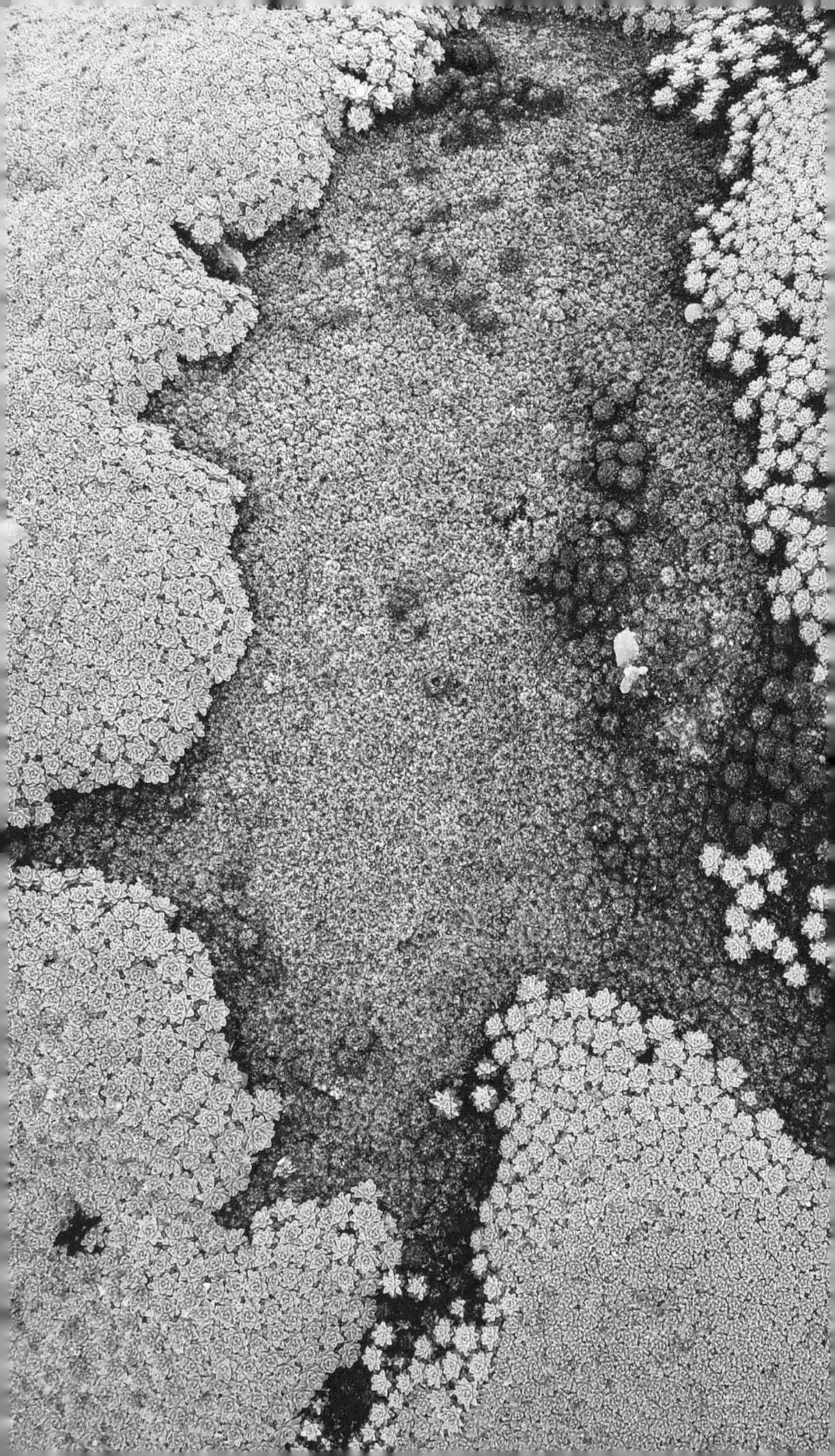

야레타 잎

0308-2498 칠레 아타카마 사막

▲ **야레타** # 0308-2B31 (2,000살 이상으로 추정) 칠레 아타카마 사막

▼ **라우카 국립공원** # 0308-13B05 칠레 북부

는 것은 지속 가능성이 전혀 없는 일이다.

우리는 다른 야레타를 보기 위해 이곳 야레탈(야레타 들판)을 떠나 라우카 국립공원으로 향했다. 더 고령인 개체는 찾지 못했지만 위로 갈수록 풍경은 더 풍성해졌고 생명이 없어 보이는 아래쪽 사막과 대조를 이뤘다. 공원에 들어서니 해발 6,000미터의 눈 덮인 산꼭대기 주변으로 플라밍고들이 돌아다니는 호수가 있었다. 원시의 새들이 주변 세상이 많이 변했다는 사실을 전혀 모르는 듯 중생대 같은 광경을 만들고 있었다. 살다 보면 눈앞에 보이는 것이 터무니없이 아름다워서 웃음밖에 안 나오는 때도 있는 법이다.

012 알레르세

Alerce

나이

2,200살

위치

칠레 파타고니아

별명

알레르세 밀레나리오, 엘 타타

일반 이름

알레르세, 파타고니아 사이프러스

학명

피츠로야 쿠프레소이데스Fitzroya cupressoides

팬아메리칸 하이웨이를 혼자 운전해서 가야 한다고 생각하니 불안했다. 현지 사람들이 그 길이 꽤 안전하다고 말해주긴 했지만, 나는 안심시키는 그 모든 말이 잘못될 경우의 시나리오를 계속 상상하고 있었다. 물론 정말로 무서운 것은 '알지 못하는 것'이었다.

그럼에도 나는 'X 지역'으로 날아갔다. 걱정은 되었지만 한편으로 버뮤다 삼각지를 연상시키는 지명이 주는 신비로움에 마음이 끌렸다. (신비로운 로마자 'X'가 얼마 전에 '호수'로 대체되어 너무 직설적인 이름인 '호수 지역'으로 바뀌긴 했다.) 자연 발화한 산불이 근처에서 여전히 타고 있다는 사실을 알고 있었지만 아타카마 사막에서 일주일을 보내고 온 터라 호수와 강이 너무나 유혹적으로 보였다. 다들 이상하게 생각했지만 나는 열심히 주장해서 자동 변속 4륜구동 차량을 렌트했다. (프로젝트를 위해 여행을 다니면서 많은 것을 배웠지만 수동 기어 차를 모는 것은 배우지 못했다.) 자, 나는 가고 있었다. 도로는 최근에 포장이 돼 있었고 날씨는 아주 좋았다. 라디오를 켜니 10대 시절 가장 좋아했던 밴드 '픽시스'의 노래가 나왔다. 발디비아까지 가는 내내 미소를 지었다. 걱정했던 일들은 일어나지 않았고 느긋한 마음으로 다음 여정에 들어섰다.

취재를 가기 전에 저명한 알레르세 전문가인 칠레 남대학의 안토니오 라라와 연락을 취했다. 킹스 캐니언 국립공원의 네이트 스티븐슨을 통해 알게 된 사람이었다. 알레르세는 북미의 자이언트 세쿼이아와 마찬가지로 측백나무 과에 속한다. 그러니 두 사람이 개인적으로 아는 사이라는 것은 우연이 아니었다. (하지만 늘 그런 것은 아니다. 내가 만난 과학자들의 상당수가 서로 관련된 연구

알레르세 밀레나리오, 파타고니아 사이프러스
0308-4A17 (2,200살) 칠레 알레르세 코스테로 국립공원

▲ **알레르세 밀레나리오, 파타고니아 사이프러스** # 0308-17B37 (2,200살) 칠레 알레르세 코스테로 국립공원

▼ **구멍 난 알레르세, 파타고니아 사이프러스** # 0308-16B22 칠레 알레르세 안디노 국립공원

를 하고 있으면서도 개인적으로 아는 사이도 아니고 상대방의 연구 주제도 모르고 있었다. 나는 이런 상황을 접할 때마다 되도록이면 이를 해소해보려고 노력했다.) 도착했을 때 라라는 현지에 없었지만 이 숲에서 자란 젊은 학생 조나단 바리치비치를 만날 수 있었고 그는 훌륭한 안내자 역할을 해주었다. 그리고 그의 형은 알레르세 코스테로 국립공원의 관리인이었다. (이곳의 알레르세는 천연기념물로 지정되어 있었고, 그 이후 숲이 국립공원으로 지정됐다.)

포장도로는 공원에 도착하기 한참 전에 끊겼고 비포장도로는 상당 부분이 물에 쓸려 내려가서 울퉁불퉁한 바위가 드러나 있었다. 그래서 4륜구동이 필요했던 것이다. 걸스카우트가 오프로드 배지를 준다면 나는 그날 하나 받을 수 있었을 것이다. 가장 남성미 넘치는 트럭 광고를 찍기에 손색이 없어 보이는 곳이었다. 벌목 때문에 발디비아의 노령림은 진즉에 많이 파괴됐다. 알레르세 코스테로 국립공원도 노령림의 장대함을 보여주는 흔적은 거의 담고 있지 못했다. 바리치비치 형제와 함께 안으로 걸어 들어가 이곳저곳에서 큰 나무들을 보았다. 그러고 나서 굽은 길을 돌아 가파른 경사면의 아래쪽으로 조금 내려가니 알레르세 밀레나리오가 오후의 햇살을 받으며 서 있었다. 정확한 나이는 알 수 없지만 2,200살이 넘은 것은 확실하다. 코어링 비트의 길이가 충분하지 않아서 나무 반지름 전체를 채취할 수가 없었기 때문에 가장 중심부의 나이테를 아직 세지 못하고 있다.

등산을 마치고 나자 공원 관리인 바리치비치와 그의 아내가 우리를 집으로 초대했다. 그들의 집은 공원 바로 바깥쪽의 높은 지

▲ **시골 길과 돼지** 칠레 알레르세 코스테로

▼ **알레르세 안디노 국립공원** # 0308-9B35 칠레 파타고니아

대에 있었다. 그들은 옛날식 철제 오븐에서 갓 구운 빵과 직접 만든 잼, 그리고 뜰에서 바로 집어온 달걀을 내어주었다. 그 소박함이 너무나 우아했다. 나는 먹이사슬에서 우리가 차지한 위치와 더 유의미한 관계를 맺을 수 있기를, 그리고 우리가 먹는 것이 어디로부터 온 것인지 알 수 있기를 늘 바랐고, 브루클린 집의 테라스에서 텃밭을 가꾸기도 한다. (최근에 뉴욕에서 닭을 치는 것이 합법화되긴 했지만 닭을 키울 계획은 없다.)

나중에 알레르세에 대한 연구 논문들을 다시 읽어보다가 객관적 정보와 숫자들로 이뤄진 논문들도 오해를 유발할 수 있다는 것을 깨닫고 매우 놀랐다. '3,620살 된 알레르세'라고 흔히 이야기되는 것은 논문 내용 하나를 잘못 인용한 것이었다. 그 논문은 기온 데이터를 만들기 위해 여러 나무들의 자료를 합해 나이테를 연대기적으로 조사한 것이었고, 하나의 나무가 3,620살이라는 의미는 아니었다. 하지만 잘못된 정보는 쉽게 전파된다. 한 사람이 잘못된 정보를 얻으면 다른 누군가가 그것을 반복할 수 있다.

파타고니아 남쪽의 알레르세 안디노 국유림에는 불행한 죽음을 가까스로 피한 고령 나무가 있다. 공원 안의 숙박 시설에서 일하는 안내인에 따르면, 벌목꾼이 그 나무를 베다가 나무속이 비어 있어서 목재 가치가 없다는 것을 깨닫고 내버려두고 갔다고 한다. 신체적 결함 덕분에 목숨을 건진 또 하나의 사례다.

013 뇌산호

Brain Coral

나이

2,000살

위치

토바고 스페이사이드

별명

없음

일반 이름

뇌산호

학명

콜포필리아 나탄스Colpophyllia natans

어느 깜깜한 겨울밤, 린네 학회의 칵테일 연회에서 한 생물학자와 이야기를 나누게 되었다. 대화는 곧 고령 생물들로 이어졌고 그는 트리니다드 토바고에 가족 여행을 갔다가 2,000살 된 뇌산호를 봤다고 했다. 산호라…… 산호는 동물이다. 나는 프로젝트에 동물이 포함될 수 있을 거라고는 상상도 하지 못했다. 가장 오래 산 거북이는 188살까지 살았고, 가장 오래 산 고래가 200살쯤일 것이며, 북대서양의 507살 된 조개가 실험실에서 죽었다는 슬픈 이야기도 있지만(과학자들이 그 조개의 정확한 연령을 알아내기 위해 연구하는 중이었다) 2,000살 넘은 동물 이야기는 들어본 바 없었다. 성숙한 개체로 성장한 다음에 다시 폴립 상태로 돌아갈 수 있어서 '불멸의 해파리'라고 불리는 생물도 있긴 한데, 그것을 먹이로 삼는 동물이 많기 때문에 2,000년 넘게 생존한 개체가 있으리라고 기대하기는 어렵다.

뇌산호는 2,000살 이상의 생물을 찾아 나선 여정에서 처음 만난 동물계 생물이었다.

이는 내가 스쿠버다이빙을 배워야 했다는 말이기도 하다. 대양의 광대함과 위험에서 오는 실존적인 불안, 그리고 심해에 대한 두려움을 극복해야 하는 일이었다. 1년 뒤 역시 어느 깜깜한 겨울밤, 맨해튼 미드타운에서 나는 이가 딱딱 부딪힐 만큼 차가운 수영장으로 들어갔다. 그날 길에서 본 '누드 지하철' 행사 참가자들이 생각났는데, 그 장면보다 더 불편한 심정이었다. 나는 의료적 문제에 대한 책임 면제 조항에 서명했다. 의미인즉, 내가 완전히 건강하다는 뜻이었다. 하지만 사실 추간판 헤르니아 디스크 때문에 허

뇌산호 # 0210-4540 (2,000살) 토바고 스페이사이드

리가 좋지 않았다. 무거운 산소 탱크를 들고 날라야 하는 시간이 되자 동생 리사가 슬며시 도와줬다.

한 달 뒤, 나는 토바고 동쪽 끝의 아름다운 보호 해변에 있었다. 해양 잠수 자격증을 따고 수중 촬영을 배우며 새 촬영 대상을 찾는 일을 동시에 해야 했다. 그러는 와중에 악화돼가는 남자친구 R과의 관계도 해결하려고 애를 썼다. 우리는 오래 사귀었지만 내 프로젝트 여행에 그가 함께 나선 것은 이번이 처음이었다. 그리고 당시 우리의 관계는 딱히 좋지 않았다. 해변의 쇠락한 모텔 침대들 중 하나에 꽃잎으로 우리 이름이 크게 쓰여 있었다. 우리는 각자 다른 침대에서 잤다.

하지만 나는 일을 하러 온 것이고 이 일에 두 발 벗고 뛰어들어야 했다. 음, 사실 모양새를 보자면, 두 발을 벗고 뛰어들었다기보다는 슬리퍼를 신고 해변을 엉거주춤 걸어가서 모터보트의 다이빙대까지 겨우겨우 걸어갔다. 첫 잠수를 했을 때 눈이 쟁반만 해진 채로 정신없어 하는 것 같더라는 말을 들었다. 그도 그럴 것이 잠수하는 내내 안전 담당자 옆에 착 달라붙어 있기만 했던 것이다. 하지만 점차 익숙해져서 물속에서 주변을 둘러볼 수 있게 되었다. 그리고 드디어 그 산호를 보았을 때 나는 숨이 멎는 것 같았다. 수면 아래 18미터쯤 되는 깊이에서 5미터의 폭에 걸쳐 있는 이 산호는 뇌산호 중 가장 크고 가장 오래된 개체로 알려져 있었다. 옛 공상과학 영화에서 튀어나온 달이나 별똥별 조각 같아 보였다.

산호는 무척추동물이며 바닷물에서 추출한 탄산칼슘으로 외골격을 만든다. 뇌산호는 유전적으로 동일한 개별 폴립들이 모여서 뇌 모양의 군락을 형성하고 있다. 각각의 폴립은 입이자 항문인 구멍 하나, 그리고 그 주위로 촉수를 가지고 있다. 밤에는 촉수를 쏘아서 지나가는 먹이를 잡는다.

그런데 야간 잠수를 도무지 배울 수가 없었다. 잠수는 점점 익숙해졌지만 잠수 여건이 점차 악화됐다. 폭풍우가 몰아칠 기세였다. 이것만이라면 물속에서는 아무 영향이 없지만 달의 인력 주기가 침전물들을 끌어올려서 시야가 흐려지는 것이 문제였다. 내가 비교적 능숙하게 잠수를 할 수 있게 되었을 때는 물속의 시계가 거의 제로였다.

몇 년 뒤에 나는 이 뇌산호보다 훨씬 오래된 산호가 두 개 더 있다는 사실을 알게 됐다. 북극 노르웨이 대륙붕 근처의 깊고 차가운 바다에 사는 산호는 6,000살인데 생물 분류상으로 뇌산호와 같은 강, 같은 목이지만 과가 다르다. 레이오파테스 산호는 하와이 군도 근처의 바다에 있는데 뇌산호와는 직접적인 계통 관계가 아니며 나이는 4,270살가량으로 추정된다. 둘 다 잠수함이나 원격 무인탐사기가 있어야 볼 수 있다. 이들보다 더 고령인 동물도 있다. 항아리 해면, 혹은 화산 해면이라고 불리는 것인데, 최고령인 것은 약 1만 5,000살로 추정된다. 남극 맥머도 빙붕에서 빙하 아래를 탐험하기 위해 특별히 만든 원격 무인탐사기를 통해 발견됐다. 이 고령 동물들은 모두 비교적 최근에 발견된 것이다. 발견의 세계에서는, 특히 광대한 바다에서 이뤄지는 발견의 세계에서는, 건초더미에서 바늘을 찾을 때와 같은 행운이 여전히 큰 역할을 한다는 게 실감났다.

최근 스페이사이드의 뇌산호가 먹이를 찾는 파랑비늘돔 떼의 공격을 받아 일부 손상됐다. 다행히도 다 없애버리기 전에 비늘돔이 흥미를 잃은 모양이었다. 역시 다행히도 2010년 멕시코 만에서 원유가 유출되었을 때도 거리가 멀어 직접적인 영향을 받지는 않았다. 하지만 이때는 운이 좋은 것이었다. 2013년에 트리니다드 인근에서 원유 유출 사건이 몇 차례 있었다. 운이 내 편일 때는 놀

▲ **뇌산호, 윗부분** # 0210-4805 (2,000살) 토바고 스페이사이드

▼ **산호 지역 옆에 있는 해초** # 0210-4939 토바고 스페이사이드

뇌산호 # 0210-4501 (2,000살) 토바고 스페이사이드

랍고 아름답지만 장기적인 생존 전략으로 의지하기에는 그리 효과적으로 보이지 않는다.

마지막 잠수에서 무언가가 무릎을 쏘았다. 당시에는 알아채지 못했는데 물에서 나오니 피부가 빨갛게 돼 있었고 뉴욕 집으로 돌아왔을 때쯤에는 무릎뿐 아니라 얼굴까지 부어올라서 병원에 가야 했다. 약을 먹으니 염증은 가라앉았지만 무릎 통증은 여전했다. 불산호에 쏘인 듯했다. 그리고 불산호는 이제 내 피부 밑에 둥지를 틀고 몇 개월간 살아갈 작정인 모양이었다. 진화론적으로 꽤 흥미로운 전술임에는 틀림없다. 무언가가 감히 자신을 스친다면 아예 딸려와서 둥지를 틀어버리는 것이다.

유럽

014 포팅갈 주목

Fortingall Yew

나이

2,000~5,000살

위치

스코틀랜드 포팅갈

별명

포팅갈 주목

일반 이름

주목, 영국 주목, 유럽 주목

학명

탁수스 박카타Taxus baccata

영국의 교회 마당에서는 오래된 주목을 쉽게 볼 수 있다. 많게는 500그루나 되는데, 교회 건물보다 더 오래된 나무들이다. 나무가 먼저 왔고 그다음에 교회가 온 것이다. 이 점에 대해서는 여러 가지 설이 있는데, 주목이 어두운 예언을 상징한다든가 불멸을 상징한다든가 하는 식으로 수많은 실질적인 혹은 신비적인 해석이 가능하다는 점이 한 요인일 것이다. 아마도 이 나무들은 기독교 이전의 풍속에서도 특별한 위치였을 것이고 그 이미지가 시간이 지나면서 기독교로도 들어오게 되었을 것이다. 스코틀랜드에 있는 포팅갈 주목과 웨일즈에 있는 란저니우 주목은 둘 다 2,000살이 확실히 넘었다. 기독교보다 더 오래된 것이다.

포팅갈 주목의 추정 나이는 2,000살에서 5,000살 사이로, 오차가 크다. 오래 전에 수많은 작은 가지로 분화돼 코어 샘플을 채취할 수 있는 중심 몸통이 없기 때문이다. (란저니우 주목도 마찬가지다.) 젊은이들이 속이 빈 나무 안으로 들어가 모닥불을 피우는 바람에 나무가 더 빨리 부서지게 됐다는 이야기가 있다. 그리고 일찍이 1830년대부터도 나무를 기념으로 떼어가는 사람들이 너무 많았기 때문에 나무 주위에는 두꺼운 돌담이 쳐져 있다.

에든버러에 도착했을 무렵은, 도로 여행을 한 지 6, 7주가 된 시점이었고 남아프리카공화국에서 북반구로 돌아온 지 얼마 안 됐을 때였다. 나는 도시를 벗어나 북쪽으로 차를 몰았고 애버펠디에 있는 어느 가정집에 방 하나를 예약했다. 애버펠디는 포팅갈보다 약간 큰 마을인데 듀어 양조장으로 유명하다. 매력적인 곳이었지만 운전하느라 너무 진이 빠졌다. 사진 찍기 좋은 오후였는데,

▲ **"바로 그 주목"** # 0707-10332 (2,000~5,000살) 스코틀랜드 퍼스셔

▼ **포팅갈 주목** # 0707-09919 (2,000~5,000살) 스코틀랜드 퍼스셔

곧 비가 오기 시작했고 그다음에는 전기가 나갔다. 나는 방에 틀어박혀 쉬는 대신 집 주인과 부엌에서 초를 켜고 그 지역의 특산 위스키(나는 내가 사진을 찍는 대상을 상기시켜주는 토탄향의 아일레이 위스키를 더 좋아하지만)를 마시면서 이야기를 나눴다. 그들은 조앤 롤링이 이 근처에 집을 샀다는 둥 겨울에는 해가 하루에 7시간밖에 안 난다는 둥의 이야기를 해주었다. 그 집 남편은 사이클 동호회 회원이었는데 오후에도 너무 어두워서 전등 달린 안전모를 써야 한다고 했다. 주목 나무들을 둘러싸고 왜 그렇게 숱한 이야기들이 만들어졌는지 알 것 같았다.

란저니우 주목에 대한 웨일즈 전설에 따르면 그 교회의 뜰에는 1년에 2번 앤젤리스토가 나온다고 한다. 영혼, 또는 육신 없는 목소리인데, 그 교구에서 그해 숨지게 될 사람의 이름을 부른다는 것이다. 이 이야기를 믿지 못한 어느 사람이 그 말이 틀렸음을 증명하기 위해 거기에 갔는데, 자신의 이름이 불리는 것을 들었고 그 해가 가기 전에 숨졌다고 한다.

전설이 그렇다는 말이다.

개벌된 산비탈

스코틀랜드 포팅갈

015 100마리 말의 밤나무

Chestnut of 100 Horses

나이

3,000살

위치

시칠리아 산탈피오

별명

100마리 말의 밤나무

일반 이름

밤나무

학명

카스타네아 사티바Castanea sativa

전설에 따르면, 아라곤(시칠리아 일대까지 통치했던 중세 스페인 왕국)의 여왕이 에트나 산으로 가는 길에 엄청난 폭풍을 만났다고 한다. 여왕과 100명의 기사, 그리고 그 기사들의 말이 모두 커다란 밤나무 아래로 몸을 피했다. 번개 칠 때 나무 아래로 피하면 안 된다는 것을 몰랐던 모양이지만(그도 그럴 것이 이 일은 1035년에서 1715년 사이에 일어났는데 벤저민 프랭클린이 그 유명한 연날리기 실험을 한 것은 1752년이 되어서였다), 아무튼 그래서 100마리 말의 밤나무라는 이름이 붙었다.

밤나무에 처음 간 것은 2010년 9월이었다. 지중해의 여름이 여전히 최고조였고 밤나무도 최고조였다. 무성한 나뭇잎이 지붕을 이루고 있었고 밤도 아주 많이 열려서 나뭇가지가 보이지 않을 정도였다. 밤나무는 밑동부터 가지들이 여러 갈래로 갈라져 있어 중심 몸통이 없었다. 그래서 나이테 코어를 채취해 정확한 나이를 세기 어렵다. 2,000살에서 4,000살까지 다양한 추정치가 있지만 중간 정도가 맞는 나이일 것이다. 카타니아 대학의 연구를 인용해 3,000살이라고 언급한 자료들이 몇 개 있다. 하지만 3,000살을 추정해낸 원래의 연구를 찾지는 못했다. 나는 사진을 몇 장 찍었다. 무성한 잎도 인상적이었지만 하나의 밑동에서 수많은 가지가 갈라져 나와 퍼져나가는 구조야말로 3,000살을 산다는 것의 의미를 말해주는 것 같았다.

그래서 2년 뒤 어느 쌀쌀한 봄날, 나는 밤나무를 다시 찾았다. 어둠 속에서 산탈피오로 차를 몰았다. 두 번째 방문이니만큼 시칠리아의 혼란스런 도로에서 운전하는 것에 아주 조금은 더 준비가

▲ **용암과 100마리 말의 밤나무** # 0412-1031 (3,000살) 시칠리아 산탈피오

▼ **100마리 말의 밤나무** # 0412-0512 (3,000살) 시칠리아 산탈피오

돼 있었다. 처음 왔을 때는 사방에서 오토바이가 튀어나와 옆을 스쳐가고, 보행자들이 시도 때도 없이 길을 건너고, 자동차들이 다른 차는 아랑곳하지 않고 자신이 가려는 방향을 향해 앞으로 옆으로 뒤로 달려드는 통에 정신이 하나도 없었다. 도로 표지판은 도로 5개 중 1개꼴로 있을까 말까 했다. 좁고 복잡한 2차선 길에서 스쿠터가 자동차를 추월하려고 반대편 차선으로 역주행을 하는데 전동 휠체어를 탄 할머니가 갑자기 끼어들었고 동시에 이들을 향해 반대 방향에서 버스가 달려오는 광경을 목격하고 나도 모르게 웃음을 터뜨리기도 했다. 다행히 나는 '운전 신경'이 강한 편이다.

2012년에는 좀 더 준비가 되어 있었지만, 건물의 벽이 바로 붙어 있는 지그재그 골목길을 달리다가 내 작고 은혜로운 스마트카를 긁고 말았다. 그렇게 해서 표지판이 없는 일방통행로로 들어섰는데 그 길이 아니라 되돌아 나와야 했다. 목적지인 농촌 관광구역(전에는 수도원이었던 오래된 석조 건물 단지로, 아직도 농장으로 운영되고 있다)에 안전하게 도착하고 나니 폭풍우가 몰아치기 시작했다. 우박이 시끄럽게 쏟아졌고, 간간이 우박이 잦아드는 짧은 동안에는 자두 과수원의 개들이 짖어댔다. 아침에 일어나보니 완벽하게 둥근 모양의 얼음 알갱이들이 땅에 덮여 있었다. 눈의 하얀 빛이 지난 주 에트나 화산 폭발에서 나온 거친 용암과 대비되었다. (화산을 놓쳐서 유감이었다.)

밤나무에 도착했을 때 우박은 이미 녹아 있었다. 안개 속으로 밤사이 밤나무 가지에서 여린 잎들이 떨어진 것이 보였다. 잎이 아주 조금밖에 달리지 않은, 거대한 나무의 드러난 가지들을 보니 그

아름다운 형태에, 그리고 내가 여기까지 온 것이 헛수고가 아니었다는 안도에 눈물이 났다. 나뭇잎이 무성해지는 시점에 대해 사람들마다 다르게 이야기를 해서 확실치가 않았는데, 여기 오기 전에 들른 독일 남부의 바덴바덴에서는 이미 나무마다 잎들이 무성해서 마음이 조급했던 것이다. 하지만 위도가 높은 곳은 봄이 더 늦다는 것을 생각하지 못한 괜한 걱정이었다.

날씨는 시시각각 변했고 구름이 흘러왔다가 또 바로 흘러갔다. 나는 밤나무 주변과 인근의 헤이즐넛 과수원을 둘러보았다. 그날 늦은 시간에 밤나무에 다시 와서 나무 관리인인 알피오를 만났다. 알피오는 2010년 내가 사진을 찍을 때 친절하게 우산을 받쳐줬던 사람이다. 몇 년 사이에 알피오는 나무껍질 표면의 주름들이 만들고 있는 온갖 얼굴 모양과 동물 모양에 대해 꿰고 있었다. 구름에서 양이나 토끼의 모양을 읽어내듯이 말이다. 구름은 계속 있었지만 비는 그쳤고 나는 지난번보다 나무에서 더 많은 것을 볼 수 있었다. 나무 몸통의 두터운 부분들 아래에서 새 움이 트는 것이 보였다. 새 움들은 지표면 아래에서 하나의 뿌리에 연결돼 있을 터였다. 이끼가 덮이고 주름이 진 나무껍질을 자세히 살펴보다가 전에는 못 보았던 그을린 자국을 발견했다.

"불이 났었나요?" 내가 물었다. "네." 알피오가 대답했다. 어떤 천재가 나무 '안에서' 소시지를 구우려고 하다가 나무를 다 태워먹을 뻔했다는 것이다. 그 이후로 나무 주위에는 담장이 쳐져 있다.

▲ **100마리 말의 밤나무** # 0412-0548 (3,000살) 시칠리아 산탈피오
▼ **100마리 말의 밤나무** # 0412-1226 (3,000살) 시칠리아 산탈피오

016 **포시도니아 해초**

Posidonia Sea Grass

나이

10만 살

위치

스페인 발레아레스 군도

별명

없음

일반 이름

넵튠 해초, 지중해 해초

학명

포시도니아 오세아니카Posidonia oceanica

이비사 섬은 실물보다 이름이 더 알려져 있다. 이비사 클럽의 파티와 음악 축제 등은 전 세계 술 취한 군중을 유혹한다. 하지만 이비사 섬과 포르멘테라 섬 사이 바다에 굉장히 오래된 고령 생물이 살고 있다는 사실은 잘 알려져 있지 않다. 10만 살이 된 포시도니아 해초 군락은 인류의 조상이 최초로 '예술 공방'을 만들었다고 알려진 때와 비슷한 시기에 삶을 시작했다. 그 예술 공방은 2011년 남아프리카공화국에서 발견됐는데 염료를 섞을 때 쓰는 혼합물과 도구들이 출토됐다.

이비사 섬 관광에 대한 웹사이트와 지역 신문 기사에서 포시도니아 오세아니카에 대해 우연히 알게 됐다. 그런데 웹사이트와 기사 모두 확증할 만한 근거 자료는 제시하고 있지 않았다. 기사에는 죽은 해초와 꼬투리가 거대 털 뭉치처럼 엉켜 있는 사진만 실려 있어 감질나게 만들었다. 동료 평가를 거친 학술지에 논문이 나오기 전이었지만, 때로는 소문이 사실인 경우가 있는 법이다. 1, 2년 뒤 드디어 학술지에서 이를 장기간 연구한 해양생물학자의 소속과 이름을 보았다. 나는 그들에게 연락을 취했다.

연구팀은 발레아레스 군도의 여러 섬 사이에 퍼져 있는 해초 군락지를 10년 넘게 연구하고 있었다. 고령이라는 점이 알려지기 한참 전에 이 해초는 '포시도니아 오세아니카는 지중해에서만 발견되는 중요한 토착종으로, 해양 생물의 다양성을 보여준다'는 이유로 이미 유네스코 자연유산으로 지정됐다. 누리아 마르바의 연구팀은 매년 정해진 장소에서 해초의 상태와 성장률을 파악하기 위해 줄기 개수를 센다. 그런데 연구소로 돌아와서 채취한 샘플을

▲ **다이빙 보트와 해초** # 0910-0775 (10만 살) 스페인 발레아레스 군도

▼ **포시도니아 오세아니카 해초** # 0910-0753 (10만 살) 스페인 발레아레스 군도

▲ **포시도니아 해초 꼬투리** # 0910-0083 스페인 발레아레스 군도
▼ **포시도니아 해초 꼬투리** # 0910-12B23 스페인 발레아레스 군도

분석하다가 예상치 못한 사실을 발견했다. 유전자 테스트 결과, 멀리 떨어진 곳에서 채취한 샘플들이 모두 유전자가 동일했다. 그러니까 전부 하나의 개체였던 것이다. 군락 전체가 하나의 고령 개체일 것이라고 생각하고 연구를 시작한 것은 아니었지만, 일단 그럴 수 있다는 가능성이 제기되자 연구팀은 이를 증명하는 작업에 착수했다.

나는 100마리 말의 밤나무를 보러 시칠리아에 갔다가 이비사 섬에 왔다. 먼저 도착해 있던 R이 마중 나와서 우리는 항구 옆의 좁은 길에서 만났다. 함께 야식을 먹고 와인도 마셨다. 우리는 뇌산호 촬영을 갔다 오고 얼마 후에 한동안 헤어졌었지만 다시 시작해보기로 한 상태였다. 다음 날 우리는 포르멘테라 섬으로 가는 배에 올랐다. 그 섬에서 마르바의 연구팀을 만나기로 되어 있었다.

현장 연구는 물론 물속에서 진행됐다. 내 생애 두 번째 해양 잠수였다. 첫 번째는 토바고의 뇌산호 촬영 때였다. R은 멕시코에서 잠수를 배운 적이 있어서 나보다 잠수 경력이 일주일 정도 많았다. 우리 둘 다 해양 잠수 자격증을 가지고 있었지만 자격증을 따는 데 필요한 것보다 실제로는 더 많은 것을 알아야 했다. 마르바가 대수롭지 않다는 듯이 자신들이 일하는 동안 물속에서 길을 잃지 않게 조심하라고 주의를 주었을 때 우리는 약간 긴장된 웃음을 터뜨렸다. 아이고.

해초는 아름다웠다. 시야 한도 끝까지 때로는 빽빽하게, 때로는 듬성듬성, 모든 방향으로 뻗어 있었다. 생물학자들은 수면 아래

20미터쯤 되는 깊이에서 각자 맡은 영역으로 가서 줄기 수를 센 후 잠수 탱크에 고정된 수중 메모판에 기록했다. 나는 길을 잃지는 않았지만 카메라가 계속 말썽이었다. 그렇게 깊은 데서 방수 팩을 씌운 채 촬영을 하려니 쉽지 않았고 화이트밸런스를 조절하는 것에도 문제가 생겼다. 다행히 수심이 더 얕은 곳에서는 빛이 물속으로 많이 들어왔다. 하지만 여기 오기 직전에 뉴욕에서 산 35밀리미터 니콘 필름 카메라는 완전히 망가졌다.

유네스코가 자연유산으로 지정해 보호하고 있지만 인근 바다에 선박 항해가 많이 허용돼 침입종 조류, 여객선의 키에 묻어오는 물질들, 외국의 항구에서 묻어오는 외래종 등이 생태계를 위협하고 있다. 원시적 풍경을 가진 해저 한두 군데를 보고 나서, 마르바는 포르멘테라 해변 바로 바깥쪽의 또 다른 지역으로 우리를 안내했다. 침입 조류 때문에 해초 군락이 갈변돼 베이지색 뭉텅이로 변해 있었다. 아직 건강한 해초도 많이 남아 있기는 했지만, 침입 조류에 해초 군락이 완전히 점령당한 디스토피아적 장면을 그려보는 것은 그리 어렵지 않았다.

그날의 잠수는 끝났다. 나는 해초 군락에서 나온 꼬투리가 해변에 쓸려 올라와 산을 이루고 있는 모습에 매혹되었다. 수십만 년은 되었을 수백만 개의 꼬투리 더미 옆에서 사람들이 일광욕을 하고 있었다. 이들은 자신이 굉장히 경이로운 무언가의 지척에 있음을, 그리고 자신이 그것과 연결되어 있음을 알지 못하고 있었을 것이다.

포시도니아 해초 군락에 침입하는 조류

0910-0938 스페인 발레아레스 군도

017 올리브 나무

Olive

나이

3,000살

위치

그리스 크레타 섬 아노 보우베

별명

없음

일반 이름

올리브

학명

올레아 에우로파에아Olea europaea

크레타 섬 맨 서쪽에는 그리스 암흑시대도리아인의 침입으로 미케네 문명이 멸망한 기원전 1100년경부터 그리스 도시 국가가 처음 등장한 기원전 800년경까지의 시기-옮긴이에 태어나서 아직도 살아 있는 올리브 나무가 있다. 나도 암흑기였다.

지중해의 하늘은 구름 한 점 없이 빛나고 있었지만 나와 남자 친구 사이에는 먹장구름이 가득했다. 우리는 이비사 섬을 떠나 아노 보우베로 향했다. 고대의 올리브 나무에서 1킬로미터쯤 떨어진 숙소(남자친구와의 문제만 아니었으면 정말 매력적인 곳이었을 것이다)에 도착했을 무렵에는 상황이 더 악화돼 있었다. 다음 날 아침, 나는 필름, 카메라, 삼각대, 마실 물을 챙겨 혼자 좁은 시골길을 걸었다. 눈물이 줄줄 흘렀다.

구부러진 길을 돌아가니 어울리지 않게 넓은 찻길과 합쳐졌고 관광버스들이 들어오고 있었다. 잔디에는 올림픽 마크처럼 생긴 생울타리가 자랑스레 자라 있었고 왼편에는 작지만 뚜렷한 표지가 있는 박물관이 있었다. 나는 마음을 진정시키기 위해 애쓰면서 나무 오른쪽 노천카페에 앉아 있는 아주머니들에게 아침 인사를 해보려고 했는데 그리스어 인사를 까먹고 말았다. 부에노스디아스? 본조르노? 아니지, 칼리메라?

이 나무는 크레타 섬의 자랑이다. 서구 문명의 기초가 된 고대 그리스 문명을 지켜보았을 뿐 아니라 오늘날에도 작고 조용한 마을 아노 보우베를 넓은 세상과 연결시켜준다. 4년마다 이 나무에서 가지를 꺾어서 올림픽 월계관을 만드는 것이다. 그리스에서 첫 올림픽이 열린 해는 기원전 776년으로 알려져 있다. 이 나무는 속이 비어 있기 때문에 코어 샘플을 채취해 나이를 계산할 수는 없다. 하지만 이 나무가 정말로 3,000살이라면 첫 올림픽의 성화가 올랐을 때 이미 200살이었다는 이야기가 된다. 올림픽 선수들도 이 나무도 엄청난 끈기를 갖고 있는 것 같다. 끈기의 시간 규모는 완전히 다르지만 말이다.

영광스런 이야기가 부여하는 위엄의 한편으로 이 나무가 아직 쓰러지지 않고 서 있는 것에 대해서는 닭한테 감사해야 한다. 오래된 다른 나무들은 다 베어졌지만 이 나무는 속이 비어 있어서 닭장으로 사용됐다. 알레르세 나무와 상원의원 나무처럼 속이 빈 덕에 생명을 구한 것이다.

몇 주 전에 본 100마리 말의 밤나무처럼 이 나무에도 열매가 그득 열려 있었다. 고령이면 다산을 못한다는 통념에 반박하는 듯했다. (집에 돌아온 후 베이킹 팬에 흙을 채우고 그리스에서 가져온 올리브의 싹을 틔워보려고 했지만 실패했다. 내 솜씨가 모자랐거나 환경 여건이 맞지 않아서였을 것이다.)

이스라엘, 팔레스타인, 포르투갈에도 사람들이 가장 오래됐다고 주장하는 올리브 나무들이 있다. 나무의 나이를 확증할 과학적 측정 방법이 없다는 점, 그리고 사람들은 자기 고장의 것에 대해 자부심이 강해 과장을 하기 마련이라는 점을 보여준다.

나는 나무 주위도 열심히 살펴보고, 좋은 앵글을 잡기 위해 옆

▲ **떨어진 올리브 열매들** # 0910-0335 (3,000살) 크레타 섬 아노 보우베

▼ **올리브 나무** # 0910-4A04 (3,000살) 크레타 섬 아노 보우베

올리브 나뭇가지

0910-13B26 (3,000살) 크레타 섬 아노 보우베

건물 발코니에도 올라가보았으며, 텅 빈 나무속도 한참 들여다보았다. 그러는 내내 사진도 찍었다. 일에 최선을 다했지만 내 마음은 감정의 무게에 눌려 자꾸만 다른 곳에 쏠리고 있었다. 좋은 빛을 잡기 위해 그날 오후에 한 번, 그리고 저녁에 또 한 번 R과 함께 나무에 다시 왔다. 아침부터 계속 같은 자리에 있는 아주머니들과도 이야기를 나눴다. 누군가가 나무 안에서 키운 것은 닭이 아니라 개였다고 했다. 또 누군가는 3,000살이 아니라 5,000살이라고 했다. 우리는 방명록에 서명하고 그곳을 떠났다.

다음 날 아침 나무에 한 번 더 가보았는지 아닌지 지금은 기억이 나지 않는다. 오후까지 R과 나는 경사지고 바람 부는 길을 많이 달렸고 잎이 햇빛을 받아 은색으로 반짝거리는 올리브 과수원들을 보았다. 푸른 바다가 보이는 언덕 꼭대기 길 옆에서 나는 우리 사이의 불화의 깊이에 눌려 엉엉 울어버렸다. 6년을 함께 보내고서 나는 더 이상 우리가 함께할 수 없다는 사실을 명백하게 깨달았다. 마음이 무너졌지만 굳게 결심했다.

고령 생물들은 우리를 심원한 시간에 연결시켜준다. 하지만 우리는 여전히 찰나적인 감각, 생각, 감정에 묶여 있고 그것들로 구성돼 있다.

나무가 몸통이나 뿌리나 가지에 손상을 입으면 우리는 나무가 '상처 입었다'고 말한다. 4년마다 우리는 가장 뛰어난 운동선수를 기리기 위해 아노 보우베 올리브 나무의 어린 가지를 꺾는다. 나무가 상처를 치유하는 방법은 그 부분을 분절적으로 구획지어

해질녘의 올리브 나무 # 0910-4A06 (3,000살) 크레타 섬 아노 보우베

서 다른 것이 더 이상 침투하지 못하게 하는 것이다. 인간에게는 이것이 최선의 전략은 아닐 것이다.

하지만 나무와 우리에게는 공통점이 있다. 상처가 너무 깊지만 않다면 치유될 수 있으며 실제로 치유된다는 점이다.

018 가문비나무

Spruce

나이

9,550살

위치

스웨덴 달라나

별명

늙은 칫코

일반 이름

큰 가문비나무

학명

피세아 sp.*Picea sp.*

스웨덴을 횡단하는 데는 6시간이 걸린다. 내가 찾으려 하는 나무는 스웨덴의 서남쪽 끝에 살고 있었다. 북극권에서 200~300킬로미터 정도 남쪽에 있는 산악 지대의 공원에 있는데, 이 공원은 노르웨이와의 국경으로 이어진다. 동생 리사가 이번 여행에 함께했다. 리사는 결국 해양 잠수 자격증을 따지 못했지만 등산 실력과 유머 감각(가령 웁살라 호텔이 사우나에 소시지를 가지고 들어가도 된다고 했을 때 같이 킬킬거릴 수 있었던 것처럼)으로 여행에 동행할 조건을 충분히 갖추고 있었다. 9월이었고 날씨는 예술이었다.

달라나에는 늦은 밤에 도착했다. 다음 날 아침, 우리는 물과 도시락, 그리고 사진 장비를 나눠 들고 풀루 산으로 향했다. 날씨는 너무 좋았지만 사람이 별로 없었다. 어떤 사람들은 '나투르센트룸'으로 향하고 있었다. 한쪽 벽이 통유리로 되어 있어 아직 손상되지 않은 원시의 초원이 내려다보이는 매력적인 구조물이었다. 또 어떤 사람들은 폭포 쪽으로 등산을 했다. 더 깊이 들어가자 그린란드에서 찾으려 했던 리조카르폰 게오그라피쿰이 가을 공기 속에서 다른 지의류, 이끼류, 관목들과 함께 지천으로 피어 있었다. 그린란드를 그토록 돌아다니며 찾으려 했던 지도 이끼가 길가 바위에 아무렇지도 않게 널려 있는 것을 보니 웃음이 나왔다. 하지만 여기에 지도 이끼가 많은 것은 이상한 일이 아니다. 이곳은 기온이 더 높아서 지도 이끼가 훨씬 더 빠르게 자란다. 그래서 여기 있는 것들은 그린란드에 있는 동족보다 크기는 더 커도 나이는 더 어리다.

고령 가문비나무를 향해 가는 동안 완만하게 보이던 숲이 가파르고 암반이 드러난 비탈길로 이어졌다. 기온도 점점 내려가고 바람도 점점 많이 불었다. 잘 모르고 보면 이 나무가 그렇게 대단한지 알아보기 어려울 것이다. 리사와 나는 아예 나무를 찾지 못해 고전했다. 보호를 위해 정확한 위치가 일반에 공개되지 않았던 것이다. 우리는 그 나무를 발견한 레이프 쿨만에게 위치와 방향을 미리 들었는데도 찾지 못해서 물어보러 나투르센트룸에 돌아와야 했다.

알고 보니 처음 갔을 때 꽤 가까이 갔는데 표식을 놓친 것이었다. 구름이 흘러왔다 사라졌고 나는 주머니에 있는 사진들 사이에 손을 찔러 넣고 언 손을 녹였다.

나무의 나이를 추정하는 데는 방사성 탄소 연대 측정법이 사용됐다. 스웨덴에서 핀란드까지 약 1,100킬로미터에 걸친 산에 8,000살이 넘은 것으로 추정되는 스칸디나비아 가문비나무가 약 20그루 있는데 모두 같은 방식으로 연령을 구했다. 쿨만은 내게 보낸 이메일에서 이들 고령 가문비나무 거의 대부분이 '늙은 칫코'와 비슷한 생장 특성을 갖고 있다고 알려주었다. '눈이 쌓이는 표면까지는 낮은 가지들이 관목처럼 퍼져 있고 그 위쪽으로는 2~4미터의 키 큰 몸통 한두 개가 올라와 있는 모습'이라는 것이었다.

쿨만이 묘사한 모습(관목처럼 보이는 무성 번식 가지들이 낮게 퍼져 있는 가운데 키 큰 막대 같은 몸통이 중앙에 쑥 올라와 있는 형태)은 기후 변화의 살아 있는 초상화라고 볼 수 있다. 늙은 칫코의 인생 중 처음 9,500년 동안에는 낮은 가지들만 존재했을 것이다.

큰 가문비나무 # 0909-11A07 (9,550살) 스웨덴 달라나

이때의 생장 전략은 추운 겨울에 가지 하나가 죽으면 다른 것을 하나 더 생산해내는 것이었다. 하나의 몸통에 생존을 의존하는 것보다 이것이 더 나은 생존 전략이었다. 하지만 1940년대부터 상황이 달라졌다. 고산 고원의 기온이 올라가기 시작하면서 식생대도 위로 올라온 것이다. 그래서 설선 근처에서 땅에 가까이 붙어서 자라는 게 아니라 이제 막대기 같은 5미터 높이의 중심 몸통을 갖게 되었다. 쿨만의 연구팀은 나무 개체도 연구하지만 '고산 지역 수목한계선의 위치와 구조' 변화를 전체적으로 연구해서 '생태적으로 중요한 기후 변화의 징후와 초기 경고'를 파악하려 하고 있다.

풀루 나투르센트룸
0909-9A05 스웨덴 달라나

▲ **풀루 국립공원** # 0909-8B26 스웨덴 달라나
▼ **큰 가문비나무** # 0909-7A01 (9,550살) 스웨덴 달라나

왜 이름이 늙은 칫코냐고? 쿨만은 키우던 개를 기리기 위해 개 이름을 따서 나무 이름을 지었다. 개의 수명으로 따지자면 이 나무는 6만 9,650살쯤 되었을 것이다.

'심원한 시간'의 연표

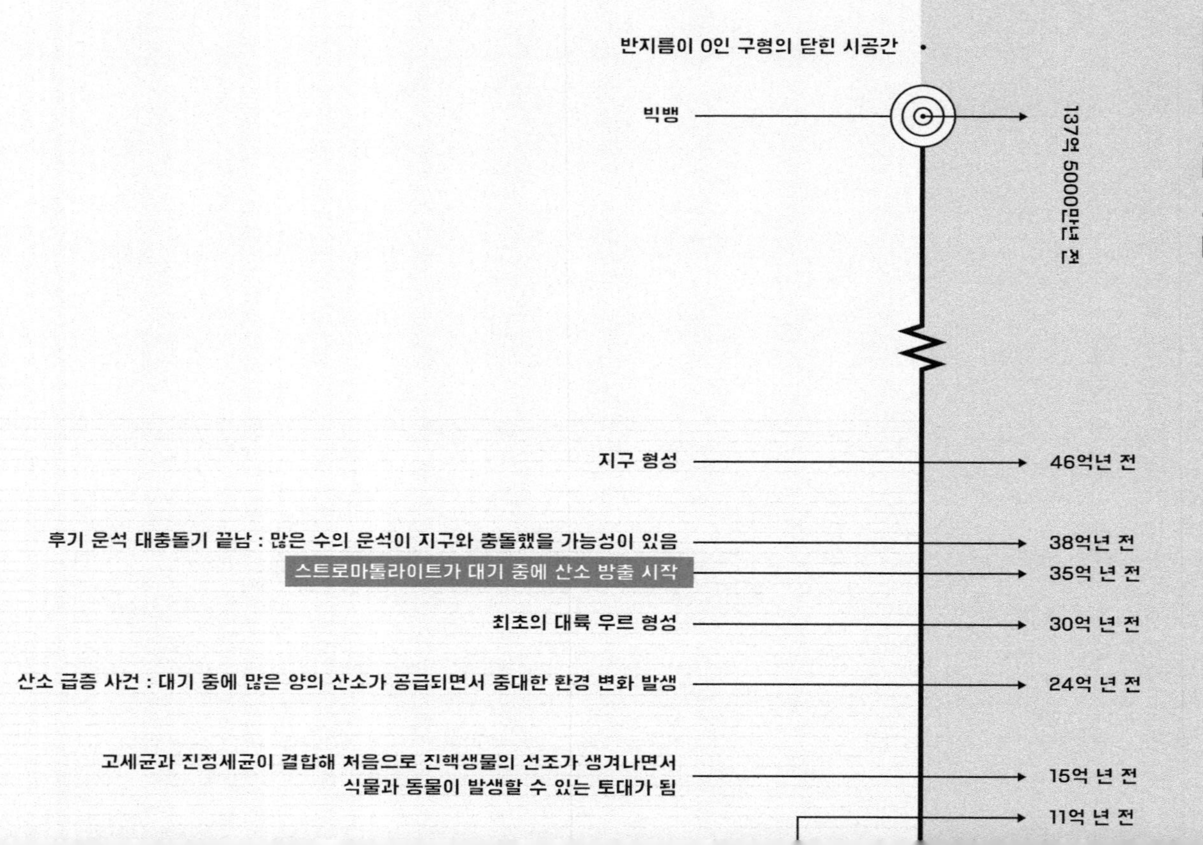

반지름이 0인 구형의 닫힌 시공간
빅뱅
137억 5000만년 전
지구 형성
46억년 전
후기 운석 대충돌기 끝남 : 많은 수의 운석이 지구와 충돌했을 가능성이 있음
38억년 전
스트로마톨라이트가 대기 중에 산소 방출 시작
35억 년 전
최초의 대륙 우르 형성
30억 년 전
산소 급증 사건 : 대기 중에 많은 양의 산소가 공급되면서 중대한 환경 변화 발생
24억 년 전
고세균과 진정세균이 결합해 처음으로 진핵생물의 선조가 생겨나면서
식물과 동물이 발생할 수 있는 토대가 됨
15억 년 전
11억 년 전

5 BYA ⟷ 1

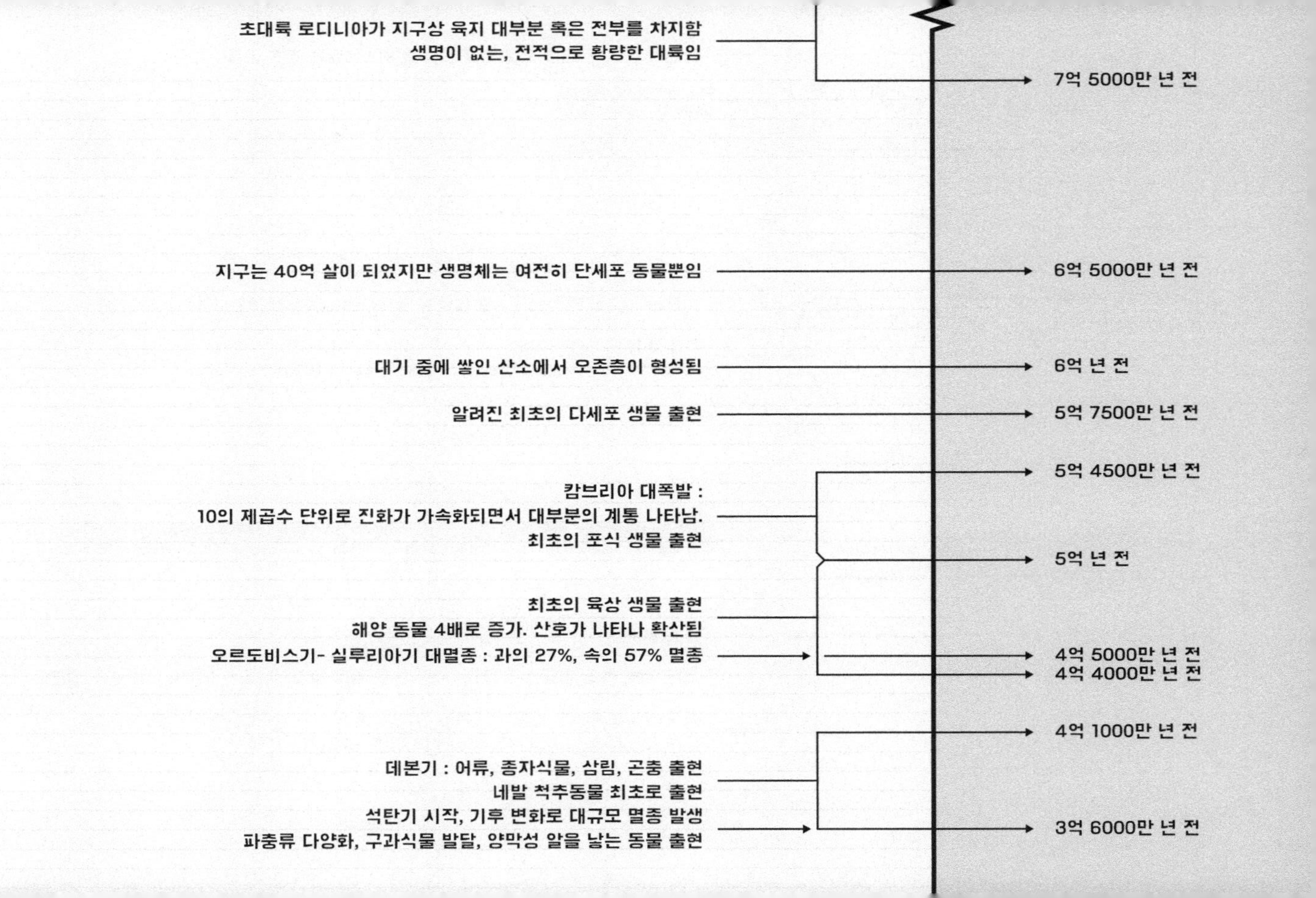
750 MYA
초대륙 로디니아가 지구상 육지 대부분 혹은 전부를 차지함
생명이 없는, 전적으로 황량한 대륙임
7억 5000만 년 전
지구는 40억 살이 되었지만 생명체는 여전히 단세포 동물뿐임
6억 5000만 년 전
대기 중에 쌓인 산소에서 오존층이 형성됨
6억 년 전
알려진 최초의 다세포 생물 출현
5억 7500만 년 전
캄브리아 대폭발 :
10의 제곱수 단위로 진화가 가속화되면서 대부분의 계통 나타남.
최초의 포식 생물 출현
5억 4500만 년 전
5억 년 전
최초의 육상 생물 출현
해양 동물 4배로 증가. 산호가 나타나 확산됨
오르도비스기- 실루리아기 대멸종 : 과의 27%, 속의 57% 멸종
4억 5000만 년 전
4억 4000만 년 전
데본기 : 어류, 종자식물, 삼림, 곤충 출현
네발 척추동물 최초로 출현
석탄기 시작, 기후 변화로 대규모 멸종 발생
파충류 다양화, 구과식물 발달, 양막성 알을 낳는 동물 출현
4억 1000만 년 전
3억 6000만 년 전

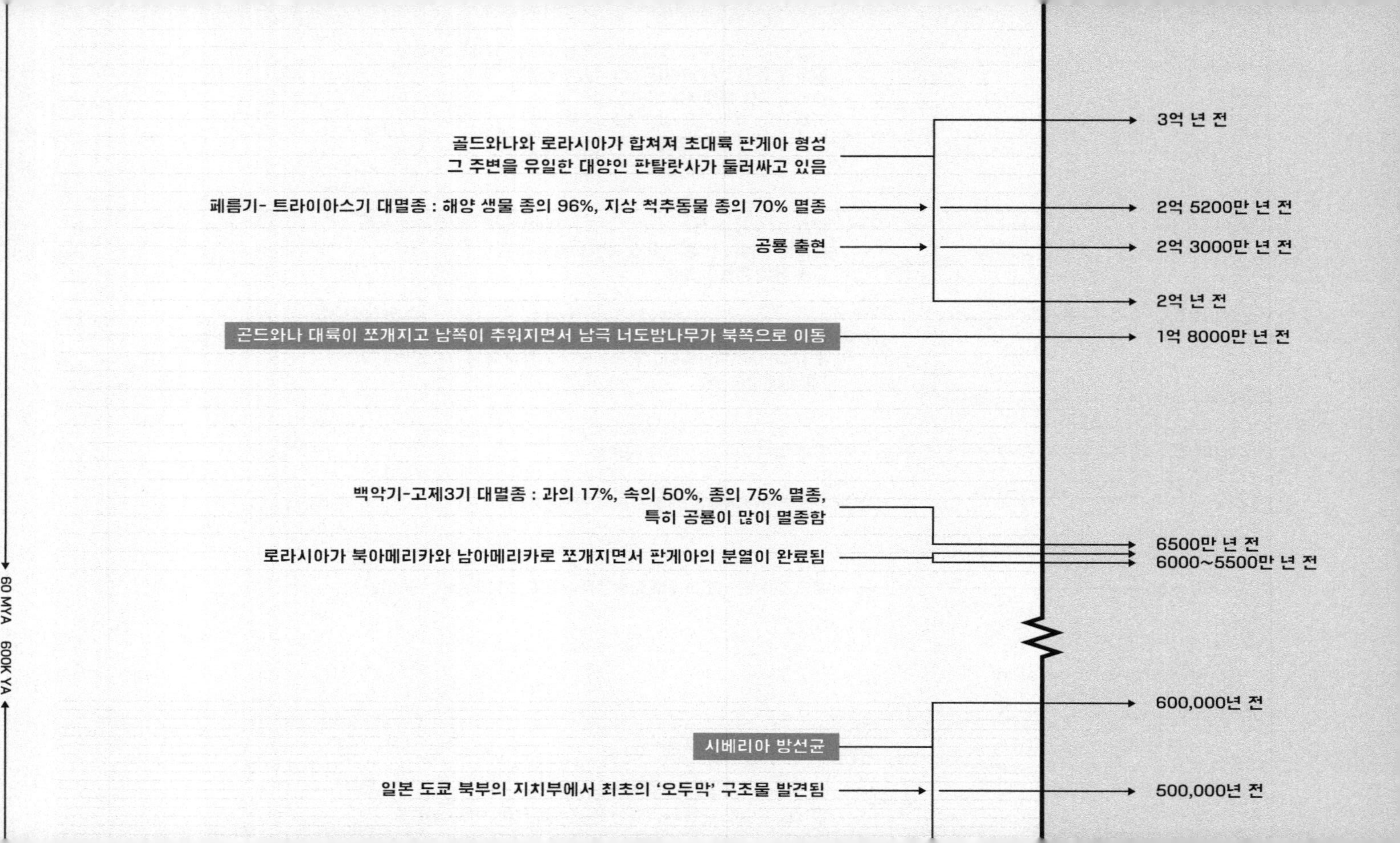
3억 년 전
골드와나와 로라시아가 합쳐져 초대륙 판게아 형성
그 주변을 유일한 대양인 판탈랏사가 둘러싸고 있음
페름기- 트라이아스기 대멸종 : 해양 생물 종의 96%, 지상 척추동물 종의 70% 멸종
2억 5200만 년 전
공룡 출현
2억 3000만 년 전
2억 년 전
곤드와나 대륙이 쪼개지고 남쪽이 추워지면서 남극 너도밤나무가 북쪽으로 이동
1억 8000만 년 전
백악기-고제3기 대멸종 : 과의 17%, 속의 50%, 종의 75% 멸종,
특히 공룡이 많이 멸종함
6500만 년 전
로라시아가 북아메리카와 남아메리카로 쪼개지면서 판게아의 분열이 완료됨
6000~5500만 년 전
60 MYA
600K YA
600,000년 전
시베리아 방선균
일본 도쿄 북부의 지치부에서 최초의 '오두막' 구조물 발견됨
500,000년 전

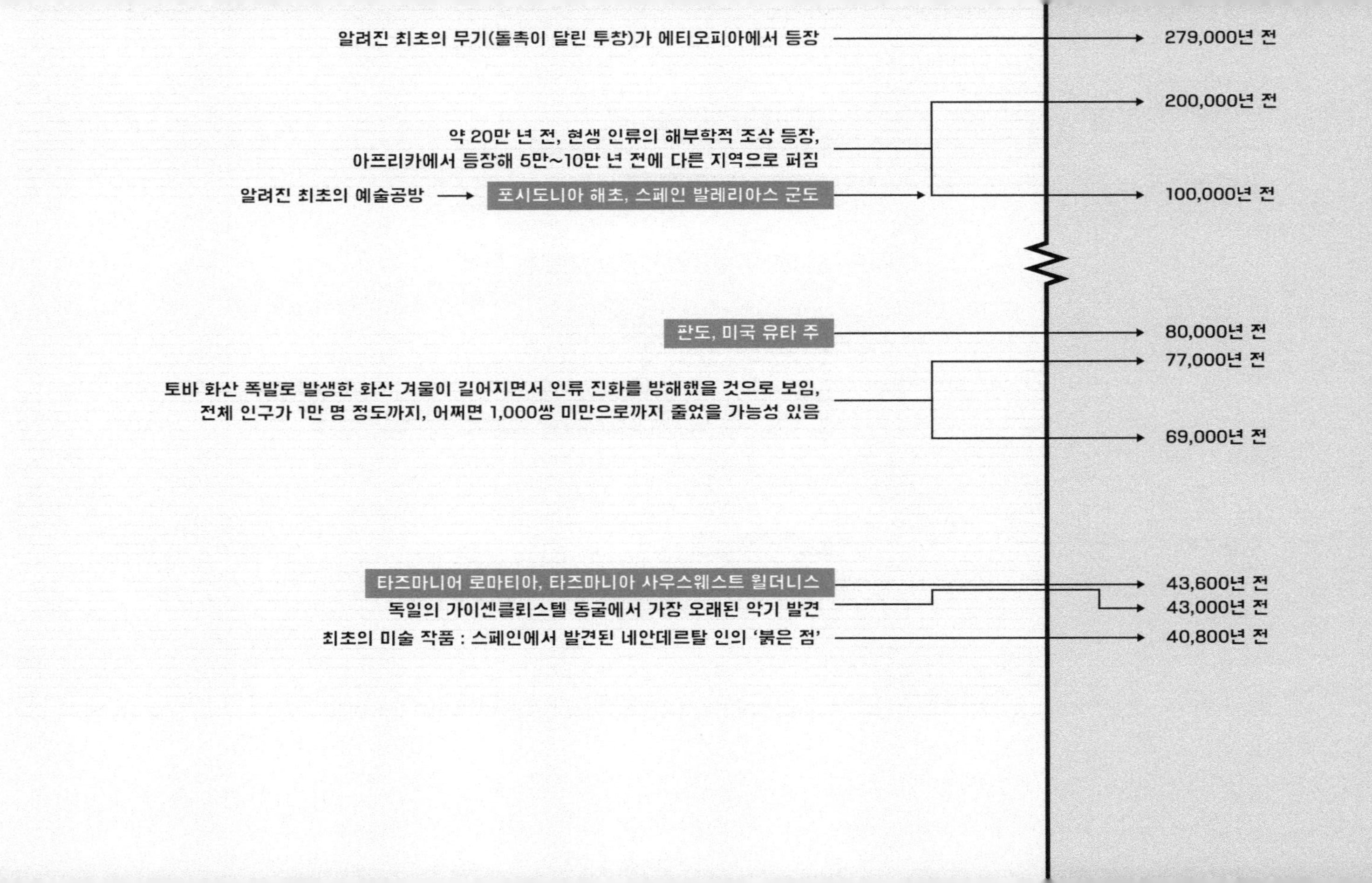
알려진 최초의 무기(돌촉이 달린 투창)가 에티오피아에서 등장
279,000년 전
200,000년 전
약 20만 년 전, 현생 인류의 해부학적 조상 등장,
아프리카에서 등장해 5만~10만 년 전에 다른 지역으로 퍼짐
알려진 최초의 예술공방
포시도니아 해초, 스페인 발레리아스 군도
100,000년 전
100K YA
80K YA
판도, 미국 유타 주
80,000년 전
77,000년 전
토바 화산 폭발로 발생한 화산 겨울이 길어지면서 인류 진화를 방해했을 것으로 보임,
전체 인구가 1만 명 정도까지, 어쩌면 1,000쌍 미만으로까지 줄었을 가능성 있음
69,000년 전
타즈마니아 로마티아, 타즈마니아 사우스웨스트 윌더니스
43,600년 전
독일의 가이센클뢰스텔 동굴에서 가장 오래된 악기 발견
43,000년 전
최초의 미술 작품 : 스페인에서 발견된 네안데르탈 인의 '붉은 점'
40,800년 전
40K YA

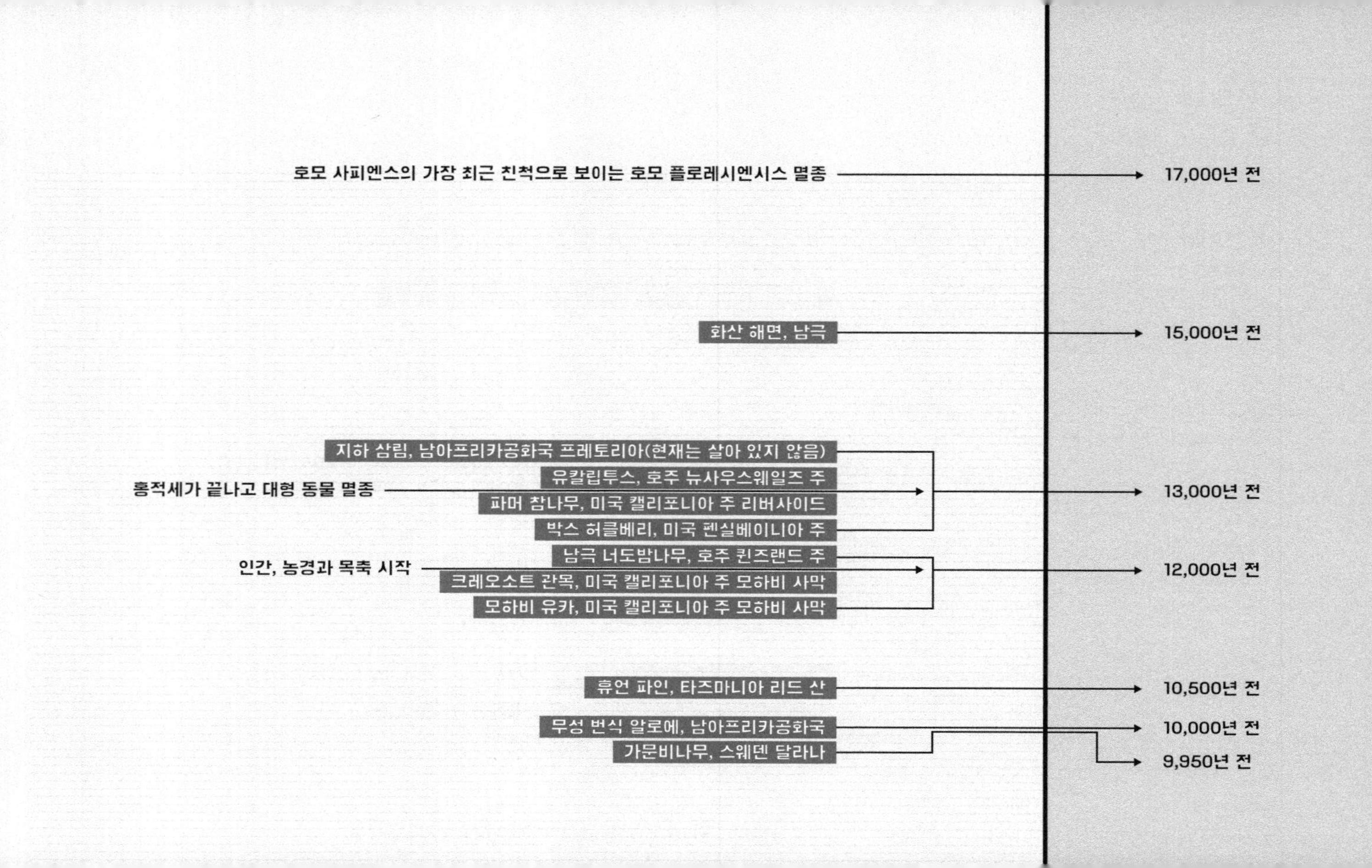

17K YA
호모 사피엔스의 가장 최근 친척으로 보이는 호모 플로레시엔시스 멸종
17,000년 전
화산 해면, 남극
15,000년 전
지하 삼림, 남아프리카공화국 프레토리아(현재는 살아 있지 않음)
유칼립투스, 호주 뉴사우스웨일즈 주
홍적세가 끝나고 대형 동물 멸종
파머 참나무, 미국 캘리포니아 주 리버사이드
박스 허클베리, 미국 펜실베이니아 주
13,000년 전
남극 너도밤나무, 호주 퀸즈랜드 주
인간, 농경과 목축 시작
크레오소트 관목, 미국 캘리포니아 주 모하비 사막
모하비 유카, 미국 캘리포니아 주 모하비 사막
12,000년 전
휴언 파인, 타즈마니아 리드 산
10,500년 전
무성 번식 알로에, 남아프리카공화국
10,000년 전
가문비나무, 스웨덴 달라나
9,950년 전

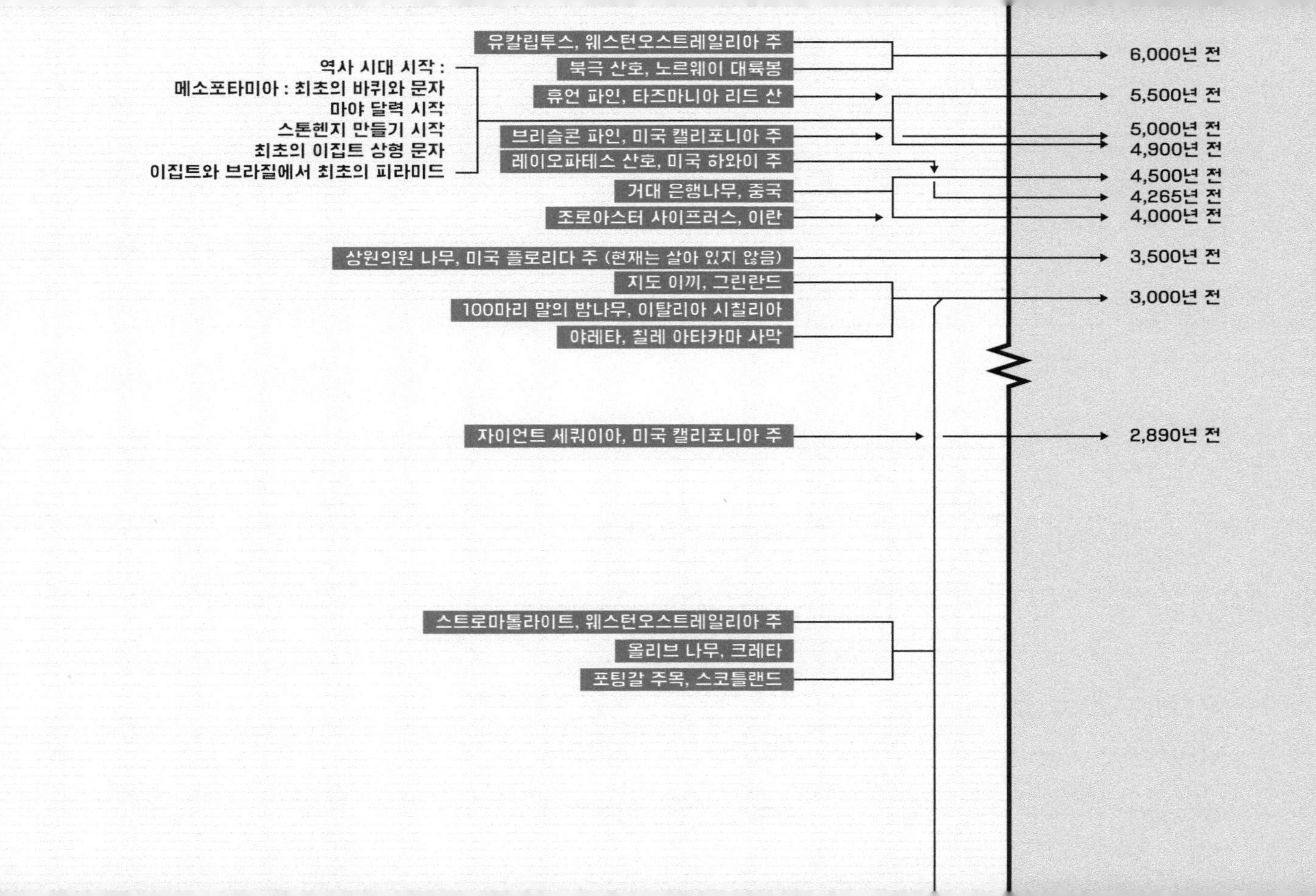

유칼립투스, 웨스턴오스트레일리아 주
북극 산호, 노르웨이 대륙붕
역사 시대 시작 :
메소포타미아 : 최초의 바퀴와 문자
마야 달력 시작
스톤헨지 만들기 시작
최초의 이집트 상형 문자
이집트와 브라질에서 최초의 피라미드
휴언 파인, 타즈마니아 리드 산
브리슬콘 파인, 미국 캘리포니아 주
레이오파테스 산호, 미국 하와이 주
거대 은행나무, 중국
조로아스터 사이프러스, 이란
상원의원 나무, 미국 플로리다 주 (현재는 살아 있지 않음)
지도 이끼, 그린란드
100마리 말의 밤나무, 이탈리아 시칠리아
야레타, 칠레 아타카마 사막
자이언트 세쿼이아, 미국 캘리포니아 주
스트로마톨라이트, 웨스턴오스트레일리아 주
올리브 나무, 크레타
포팅갈 주목, 스코틀랜드
6,000년 전
5,500년 전
5,000년 전
4,900년 전
4,500년 전
4,265년 전
4,000년 전
3,500년 전
3,000년 전
2,890년 전
3K YA
2.89K YA

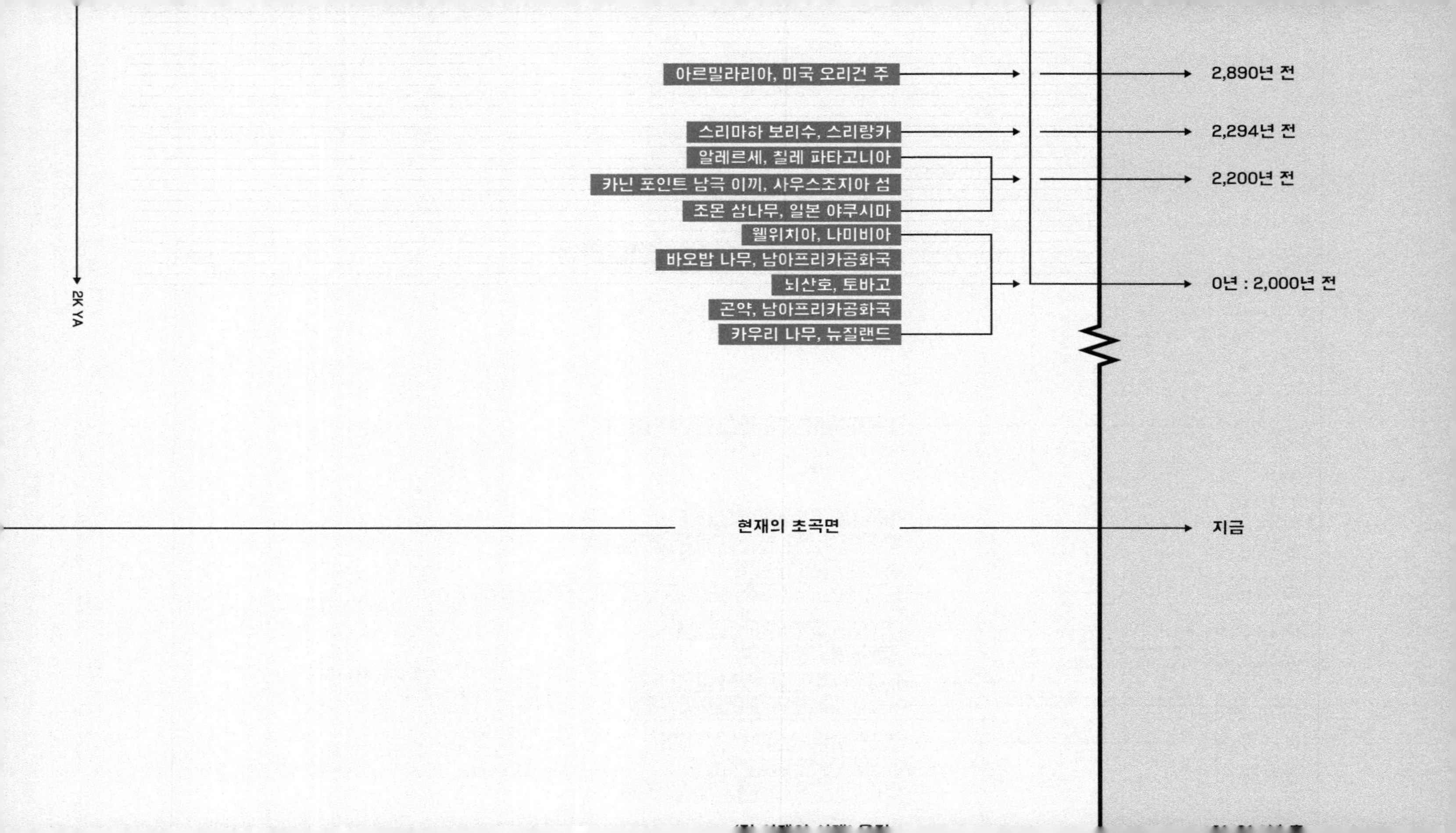

2K YA
아르밀라리아, 미국 오리건 주
2,890년 전
스리마하 보리수, 스리랑카
2,294년 전
알레르세, 칠레 파타고니아
카닌 포인트 남극 이끼, 사우스조지아 섬
조몬 삼나무, 일본 야쿠시마
2,200년 전
웰위치아, 나미비아
바오밥 나무, 남아프리카공화국
뇌산호, 토바고
곤약, 남아프리카공화국
카우리 나무, 뉴질랜드
0년 : 2,000년 전
현재의 초곡면
지금

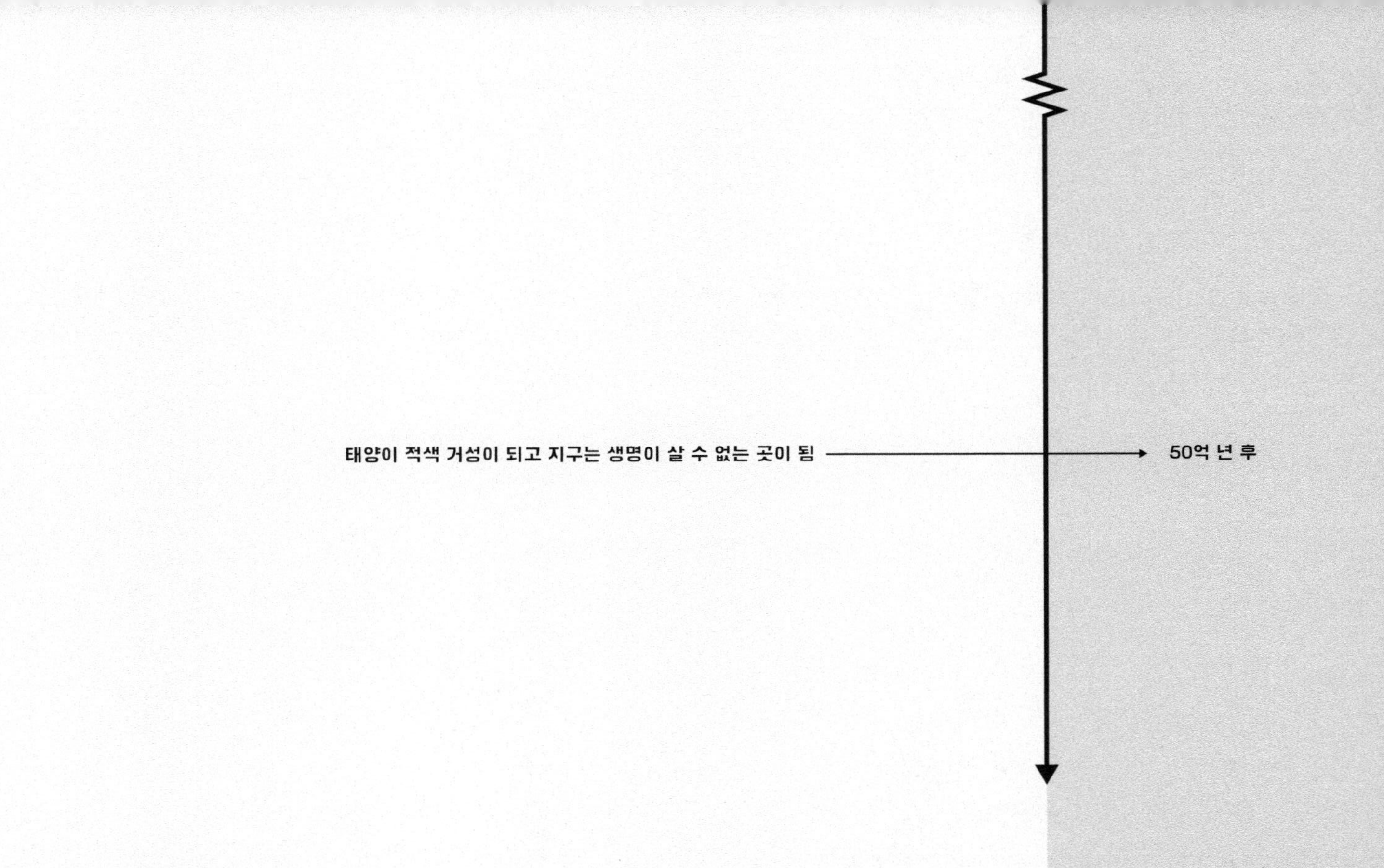
태양이 적색 거성이 되고 지구는 생명이 살 수 없는 곳이 됨
50억 년 후

아시아

019 조몬 삼나무

Jōmon Sugi

나이

2,180~7,000살

위치

일본 야쿠시마

별명

조몬 삼나무

일반 이름

일본 삼나무

학명

크립토메리아 자포니카Cryptomeria japonica

격렬한 등산에서 오는 만족스런 피로감을 느끼면서 이마에 흐르는 땀을 닦았다. 큰 나무의 모습이 점점 가까워오고 있었다. 당시에는 목적지보다 여정이 더 나의 초점이었다. 조몬 삼나무 사진을 몇 장 찍긴 했지만 세계의 고령 생물들을 촬영하자는 아이디어는 생기기 전이었다. 사실 여기도 우연히 오게 된 것이지 까딱했으면 오지 않았을 수도 있었다. 원래는 일본에서 전혀 다른 곳에 가볼 생각이었던 것이다. 흥미로운 바다 소금 사진을 찍으러 배로 24시간을 가야 하는 일본 동쪽 먼 바다의 섬(행정 구역상으로는 도쿄에 속한다)으로 가는 것이 원래 계획이었다. 나는 '무언가'를 찾고 있긴 했는데 그 무언가가 무언지 모르고 있었다. 기꺼이 모험을 할 준비는 돼 있었지만 오가사와라 섬에 간다는 계획에는 시간상의 문제가 있었다. 만약 그 섬에 도착했는데 내가 바랐던 모험이 아니라는 것을 깨닫게 되면 일본 본토에 되돌아오기 위해 꼬박 일주일을 그냥 기다려야 했던 것이다. 그래서 오가사와라 바다 소금은 도쿄 백화점 지하 매장에서 사는 것으로 갈음하고, 특별한 목적지나 계획 없이 도쿄를 떠났다. 그러고서 처음 간 곳은 교토였다. 하지만 마음이 내내 불편했고, 여차저차해서 야쿠시마에 조몬 삼나무를 보러 오게 되었다.

무성한 아열대 섬인 야쿠시마에는 한 달 중 35일간 비가 내린다는 농담이 있다. 잘못 놓인 철로의 버려진 철길이 미야노우라 정상을 향해 가다가 무성한 숲에 덮인다. 하지만 이 숲은 목재 등을 얻기 위해 삼림을 활용하거나 관리한 기록이 없다. 야쿠시마 주민은 거의 전부 섬의 해안가에 산다. 이곳의 무성한 숲이 미야자키 하야오의 〈원령공주〉(자연의 정령과 인간의 이해관계가 부딪히는

조몬 삼나무, 일본 삼나무 # 0704-002 (2,180~7,000살) 일본 야쿠시마

내용을 통해 환경에 대해 경고하는 이야기)에 영감을 주었다는 것이 당연해 보인다.

삼나무는 일본의 국가 나무나 마찬가지여서 영국의 주목처럼 사찰이나 신전 주위에 많이 심어져 있다. 삼나무라고 불리긴 하지만 사실은 측백나무 과, 즉 사이프러스 나무다. 일본 역사 중 조몬 시대를 따서 명명된 이 나무의 연령은 2,180부터 7,000살까지 다양한 추정치가 있다. 최고 추정치인 7,000살은 화산 폭발 후에 나무가 곧바로 생겨났다고 보는 견해다. 고목들이 많이 그렇듯이 부분적으로 속이 비어 있어서 정확한 연대를 측정하기가 어렵다. 조몬 삼나무는 2005년에 가지를 하나 잃었고, 그 지역 블로거에 따르면 2012년 11월에 하나를 더 잃었다.

일그러진 얼굴 같은 울퉁불퉁한 껍질들, 넓은 몸통과 얽히고설킨 팔다리, 머리카락 다발 같은 나뭇잎들도 인상적이었지만, 내 눈길은 곧바로 나무 아래쪽을 향했다. 바닥 부근에 가지들이 손으로 짠 바구니처럼 가로세로로 얽혀 있었다. 사람들이 나무에 직접 접근하는 것을 막고, 잦은 비에서 뿌리를 보호하기 위한 것이었다. 하지만 나는 그러한 기능보다 시각적인 형태에 더 관심이 갔다. 자연에 인간이 개입하는 모습을 보여주는 듯해서 말이다. 더 잘 보이게 하기 위해 아래쪽 덤불을 잘랐을 때 얕은 뿌리들이 희생됐다고 한다. 판도의 경우에도 그랬듯이 새로운 묘목을 심었지만 사슴이 먹어버렸다. 그래서 더 많은 묘목을 심은 뒤에 울타리를 쳤다. 물론 관광객들이 조몬 삼나무를 기념품으로 떼어가는 일도 많았다. 그래서 현재 조몬 삼나무 주위에는 감시 카메라가 설치돼 있다.

020 스리마하 보리수

Sri Maha Bodhi

나이

2,294살 + α

위치

스리랑카 아누라다푸라

별명

스리마하 보리수

일반 이름

반얀 나무, 보리수

학명

피쿠스 렐리기오사Ficus religiosa

내 마취약이 떨어져가자 간호사들이 부지런히 모르핀 링거를 준비했다. 그주 초에 나는 스리마하 보리수를 보러 갈 때 입을 흰 옷을 찾아다니고 있었다. 스리마하 보리수는 고타마 싯다르타 부처와 관련 있는 나무며, 가장 오래된 접목이기도 하다. 이 나무는 사찰 안에 있기 때문에 보러 가려면 흰 옷이 필요했다. 콜롬보 호텔의 기념품점에서는 말도 안 되게 비싼 흰 드레스를 팔고 있었고, 아누라다푸라로 가는 길에 본 상점에서는 너무 큰 흰색 카프탄을 팔고 있었다. 결국 포기하고, 집에서 가져온 연한 노란색 바지로 내 운을 시험해보기로 했다. 그런데 지금 나는 온통 흰색에 둘러싸여 있다. 흰 환자복에, 흰 시트에, 팔에는 어정쩡하게 젖혀진 손목부터 팔꿈치까지 흰 깁스를 하고 말이다.

전해지기로 스리마하 보리수는 고타마 싯다르타가 그 밑에 앉아서 깨달음을 얻었다는 부다가야의 보리수 나뭇가지를 가져다가 접목한 것이라고 한다. 실존 인물인 고타마는 기원전 563년부터 483년까지 살았다고 한다. 하지만 이 연대에 대해서는 논란이 있다. 어떤 학자들은 고타마가 기원전 400년경에 숨졌을 것이라고 본다. 우리가 아는 것은 살아 있는 나뭇가지가 스리랑카에 온 것이 기원전 288년이라는 사실이다. 부처가 특별히 지시해서 이뤄진 일이라고 한다. 그의 유언이었는지도 모른다. 그럼 아누라다푸라 보리수는 몇 살일까? 내가 방문했던 해인 2011에 288을 더하는 것도 한 방법이겠지만 그렇게 단순하지가 않다. 우선, '0년'의 문제가 있다. 중간에 0을 넣지 않고 -1에서 1로 건너뛰는 것은 생각보다 흔한 일이다. 불교 달력에는 0년이 있는데, 그 달력 자체가 기원전 554년에서 483년 사이에 시작한다. 위에서 말한 0년의 문제 이외에도 오차가 71년이나 되는 것이다. 그리고 그 나뭇가지(학명은 피쿠스 렐리기오사)가 포크 해협을 건넌 정확한 연도를 안다 해도 그것을 꺾어온 원래의 나무가 그 당시 몇 살이었는지도 알아야 한다. 무성 번식 식물이라 외부의 유전자 자원을 끌어들이지 않은 채로 성장하기 때문에 유전적으로 보면 이 둘은 동일한 나무의 복제품이다. 그렇다면 '현재 연도 더하기 288 더하기 원래 나무의 나이'가 스리마하 보리수의 나이라고 주장할 수 있을 것이다. 원래 나무가 아직도 살아 있다면 (그리고 신성한 나무로 여겨지지 않는다면) 나이테 코어를 채취해 나이를 셀 수 있을 것이다. 하지만 부다가야에 있던 원래 나무는 죽어 없어진 지 오래고, 현재 그 자리에 있는 나무는 아누라다푸라 나뭇가지를 다시 가져다가 접목한 것이다. (부다가야 나무의 환생이라고나 할까.) 나무치고 정말로 세계를 많이 돌아다닌 셈이다.

다른 고령 생물들과 달리 이 나무를 계속 지켜보고 보호한 것은 과학계가 아니라 종교계였다. 우연히도 사촌인 로라 반다라의 남편 위지타가 스리랑카 사람인데 이 나무가 있는 사원에 지인이 있었다. 위지타는 내 대신 그곳 수도승에게 연락을 해주었다. 최근까지 내전을 겪은 나라여서 안전을 걱정하자 로라는 괜찮을 거라면서도 운전사는 고용하는 게 좋겠다고 조언했다. 로라와 위지타는 그들의 친구인 이안과 수자타를 소개시켜주었는데, 우연히도 그들이 그때 마침 부모님을 만나러 콜롬보에 와 있었다.

스리랑카에 인맥이 있는 지인이 또 있었다. 친구인 티나 로스아인스버그(디자이너이자 블로거인 '스위스미스'로 더 잘 알려져 있다)의 연로하신 삼촌 틸로 호프만이었는데, 알고 보니 스리랑카에서 수십 년간 활동해온 저명한 자연 보호 운동가였다. 나는 틸로 아저씨에게 이메일을 보냈고 손으로 쓴 답의 복사본을 이메일로 받았다. 인터넷이 없던 시절에 이런 글로벌 프로젝트를 시도했다면 아직도 겉만 핥고 있었을 것이다.

그 나무에 직접 접근할 수 있는 소수의 과학자 중 한 명에게 이메일을 보냈지만 답이 없었다. 하지만 칸디 식물원의 사만다 수라냐 페르난도가 프로젝트에 관심을 보였다. 그는 나더러 사원에 직접 서신을 보내서 나무를 보러 가도록 허락해달라고 부탁해보라고 했다. 그리고 나보다 편지가 먼저 도착할 수 있게 스리랑카에서 우편으로 편지를 부쳐주었다. 페르난도는 사원에 갈 때 신발을 벗어야 한다고 주의를 주었다. 이 점에 대해서는 일본식 덧신으로 준비가 되어 있었다. 그리고 그는 사원에 들어가려면 흰 옷을 입어야 한다고 알려줬다.

그날 밤 나는 이안과 수자타를 그들의 부모님(미가마 씨) 댁에서 만났다. 이번에 내가 고용한 운전사 시바는 미가마 씨 댁 운전사였다. 다음 날 아침에 호텔을 떠나면서 역시 막 떠나려는 참인 두 명의 여행객과 인사를 나눴다. 그러고서 눈부시게 밝고 짙은 공기 속으로 들어갔다. 이유는 모르겠지만 소형차보다 대형 밴을 빌리는 것이 더 저렴했다. 그래서 시바와 나는 좌석이 텅텅 빈 채로 대형차를 타고 6시간의 주행을 시작했다.

어디에서 콜롬보가 끝나고 어디에서 시골이 시작되는지 정확히 짚기는 어려웠다. 자동차 부품을 파는 가게들이 줄줄이 늘어서 있었다. 처음에는 자동차 시트만 파는 가게가 있었다. 1층과 2층 진열 창문으로 시트들이 전시돼 있었다. 다음에는 범퍼만 파는 곳, 그다음에는 섀시만 파는 곳, 그다음에는 문짝만 파는 곳이 있었다. 그 길을 쭉 따라가면서 맞춤형 자동차를 만들 수도 있을 것 같았다. 그다음에는 과일 구역이 시작됐다. 길가에 늘어선 매대에서 파인애플, 람부탄, 캐슈를 팔고 있었고 손으로 만든 빗자루도 있었다. 그리고 다시 자동차 부품 가게가 나왔다. 논이 사라지고 무성한 종려나무 숲이 나타났다. 우리는 잠시 멈춰서 탐스럽게 익은 과일을 샀고, 조금 더 가서 깨끗하다고 소문난 식당에서 점심을 먹으러 갔다. 앉으면서 보니 아침에 인사를 했던 두 사람이 거기 있었다. 데이비드와 이냐키였는데, 바르셀로나에서 여행을 왔다고 했다. 우연히도 우리는 같은 호텔로 향하고 있었다. 여행자들이 그렇듯이 우리는 저녁을 같이 먹기로 했다.

30종의 생명체를 찾으러 온갖 오지를 다니면서 험한 등산, 해양 잠수, 혹한 여행을 하는 과정에서 나는 신체적인 위험을 두려워하지 않고 덤비는 것에 어느 정도 익숙해져 있었다. 하지만 때로 가장 직접적인 위험은 발을 한 번 헛디디는 데서 오기도 한다.

팜 빌리지 가든 호텔은 미국에서라면 불법 건축물로 분류될 법해 보였다. 계단은 갑자기 절벽처럼 뚝 떨어지고, 진출입로는 이런저런 물건들로 가로막혀 있기 일쑤이며, 안전 철책은 하나도 없고, 바닥은 미끄러운 타일이었다. 그날 저녁을 먹기 위해 이냐키와 나는 여러 층에 걸쳐 있는 식당을 돌아다니고 있었다. 나는 대화에

인도양의 기관총 훈련 스리랑카 콜롬보

푹 빠진 채로 계단에 발을 디뎠다. 그리고 다시 한 발을 디뎠을 때 일이 잘못되었다. 오른발이 계단이 아니라 미끄러운 타일 경사면을 디딘 것이다. 나는 느린 동작으로 내 발이 미끄러지는 것을 내려다보았다. 그리고 빠른 동작으로 툭 튀어나온 곳에 넘어졌고 오른손으로 땅을 짚다가 접질리고 말았다.

식사를 하던 손님들이 바닥에 쓰러져 있는 나를 보고 놀랐다. 어지럼증이 몰려왔고 나는 기절하지 않기 위해 의지력을 총동원했다. 누가 물을 가져다주었는데 물 값은 내 스페인 친구들의 저녁값에 포함되었다. 그중 한 명이 우연히도 의사였다. 나는 누군가에게 나가서 운전사인 시바를 찾아달라고 부탁했다. 병원에 가야 했다. 이냐키와 데이비드가 함께 갈 참이었고, 호텔 리셉션 직원과 영어를 못하는 또 다른 호텔 직원도 동행할 예정이었다. 텅텅 비었던 대형차가 갑자기 승객으로 꽉 찼다.

토요일 밤 9시나 10시쯤 되었을 것이다. 사립 병원에서는 받아주지 않아서 노천에서 운영되는 공공 병원에 가는 수밖에 없었다. 수속을 하고 나서 지붕이 없는 콘크리트 복도들과 시체 안치실이라고 쓰여 있는 간판을 지나서 드디어 40명 정도의 환자가 누워 있는 병동에 도착했다. (아무도 빠른 시간 내에 조치가 취해질 것이라고 기대하고 있지는 않은 듯했다.) 책상에는 간호사 딱 한 명이 단정하게 앉아 있었다. 개와 닭들이 제멋대로 돌아다녔다. 이야기는 계속 달라졌지만 핵심은 다음과 같았다 : 진통제도, 엑스레이 검사도 없다. 나는 그날 밤을 들것에 누운 채 치료도 받지 못하고 통증에 시달리면서 개와 닭과 함께 보내야 한다. 아침이 되면 그들은 나를 전신 마취할 것이다.

여기에서 나가야 했다.

우리는 다시 차에 올랐다. 아직 치료를 받지 못한 부러진 손목에는 별 도움이 안 되는 얇은 판자로 부목을 대고 붕대를 감았다. 명백하게 나의 상황이 달라져 있었다. 이제 나는 더 이상 '깨달음의 나무'를 촬영하기 위해 스리랑카에 있는 것이 아니었다. 뜬눈으로 밤을 보낸 뒤에 미가마 씨 가족, 스리랑카 보건부 장관, 내 오빠(뉴헤이븐 예일 대학 병원 의사), 미국 영사관, 그리고 떠올릴 수 있는 모든 사람의 도움을 받아가며 정신이 혼미한 상태로 콜롬보의 병원까지 가는 6시간을 버텼다.

이안과 미가마 씨가 마중 나와 있었다. 벽, 천장, 에어컨이 있는 공간에 있으니 안심이 되었다. 이안이 내 외과 동의서에 서명을 했다. (나는 그때 이안의 성이 뭔지도 모르고 있었다.) 남편에게 전화하겠느냐는 질문을 계속 받아서 남편이 없다고 계속 대답해야 했다. 이제 전 남자친구가 된 R에게 '스리랑카에서 팔이 부러짐, 무서움'이라고 문자를 보낼까 했지만 그러지 않기로 했다. 내가 이야기해야 할 사람은 나를 구출해줄 왕자님이 아니라 정형외과 의사였다. 콜롬보의 의사는 여기에서 일단 부러진 곳을 맞추고 미국에 돌아가서 추가적인 치료를 받는 게 좋겠다고 제안했고 나도 동의했다. 마취과 의사가 하라는 대로 눈을 뜨고 열까지 세는 동안, 그는 남편한테 내 상태를 알렸느냐고 물었다. 다음 날 아침, 간호사가 들어오더니 통증이 있는지 그리고 남편에게 전화했는지 물었다.

스리랑카에는 호랑이와 코끼리가 있지만 나는 어느 것도 보지 못했다. 유명하고 매력적인 도시 칸디도 보지 못했고 불치사도 보지 못했다. 그리고 여기 온 목적인 고대의 보리수나무도 보지 못했다. 나는 포기하는 것인가? 깁스를 한 채로 아누라다푸라로 돌아가서 사진을 찍을까 하고 생각해보았다. 아니면 나는 아직 위험에서 빠져나오지 못한 것인가? 별 왕래가 없던 아버지로부터 이메일을 받았다. 아버지도 정형외과 의사다. 수술을 받으려면 다친 지 일주일 이내에 받아야 하며 그렇지 않으면 영구적인 손상으로 남을 위험이 급격히 커진다고 쓰여 있었다. 병원 침대에 누운 채 나는 당장의 목표를 달성하지 못하는 실패와 장기적으로 내 신체에 미칠 영향의 무게를 재어보았다. 그랬더니 결론을 내릴 수 있었다. 집으로 가는 것이다.

수납부서와 실랑이를 치른 후 드디어 퇴원해도 좋다는 말을 들었다. 그날 저녁은 미가마 씨의 집에서 먹었다. 긴 비행을 위해 수자타가 봉두난발이 된 내 머리를 두 갈래로 땋아주었다.

자정 무렵 휠체어를 타고 콜롬보 공항을 지나갔고 지연된 항공기는 3시경에 탑승을 선언했다. 화려한 두바이 공항에서 또 다른 휠체어가 나를 기다리고 있었다. 그리고 10시간 뒤에 뉴욕 JFK 공항에 도착했다. 친애하는 올케 린지가 공항에서 나를 기다리고 있었다.

공항을 나서면서 이것이야말로 모험의 속성이라는 생각이 들었다. 어떤 일을 하려고 출발하지만 완전히 다른 일이 벌어진다. 그리고 이만하길 다행이라고 생각할 수 있다는 것만으로도 성공이라고 할 수 있는 모험도 있다. 안전의 측면에서 보면 더더욱 그렇다.

다음 날 뉴헤이븐 병원에 예약이 되었을 무렵에는 병원에 소문이 무성했다. '스리랑카에 사는 스콧의 누이가 치료를 받으러 코네티컷에 온다'는 것이었다. 정형외과 의사는 내 손목의 어정쩡한 위치와 거대한 깁스를 보더니 웃음을 터뜨렸다. 미국에서는 이미 10년 전부터 사용하지 않는 기술이었던 것이다. 하지만 새로 만든 섬유 유리 깁스의 안쪽으로 피부가 너무 부어올라서 며칠 뒤에 나는 응급실에 가야 했다. 그리고 병원에서 묻는 그 모든 기본 질문들에 다시 한 번 성의껏 대답했다.

"어디서 이렇게 되셨나요?"
"스리랑카요."

몇 가지 질문을 하고 나서 의사가 다시 물었다.
"어디서 이렇게 되셨다고요?"
"스리랑카요."

긴 침묵이 흐른 뒤에 그가 다시 물었다.
"그게 뉴욕 주에 있나요, 코네티컷 주에 있나요?"

스리마하 보리수 가지를 인도에서 스리랑카로 가져온 사람은 산가미타 테라라는 이름의 여성이었다. 아쇼카 황제의 딸로, 나중에 스리랑카에 불교 비구니 종파를 창시한다. 그리고 데바남피야 티사 왕이 그 나뭇가지를 심었다. 하나의 도시가 이 나무 주위로 건설되었고 1,300년 동안 번성했다.

스리마하 보리수는 폭풍으로 가지 몇 개를 잃긴 했지만(그리고 어떤 '미친 사람'한테도 하나 잃었다) 대체로는 사원 안에서 잘 보호받으면서 살았다. 아누라다푸라가 역사에 다시 등장한 것은 1985년이었다. 27년간 이어진 내전이 2년째에 접어든 시점이었는데, 이 사찰에서 대학살이 벌어진 것이다. 수많은 사람이 죽었지만 나무는 손상되지 않았다.

021 시베리아 방선균

Siberian Actinobacteria

나이

40만~60만 살

위치

시베리아 콜리마 저지대

별명

없음

일반 이름

시베리아 박테리아

학명

악티노박테리아Actinobacteria

50만 년 전에는 현생 인류가 아직 존재하지 않았다. 호모 사피엔스 이전의 조상 중 일본에 살았던 한 분파는 최초의 초가집 구조물이라고 알려진 것을 창조하고 있었다. 그때 시베리아 방선균은 10만 살이었을 수도 있다. 40만~60만 살이라는 추정치 중 어린 쪽이 맞다 해도 장수 생물 중 가장 근접한 포시도니아 해초가 30만 살이나 젊다. 박테리아가 지구상에 출현한 최초의 생명 형태 중 하나라는 점을 생각하면 그리 놀랄 일은 아닌지도 모른다.

시베리아 방선균을 알게 된 것은 완전히 우연이었다. 시베리아 방선균에 대한 학술 논문이 나오기 한참 전, 뉴욕 브루클린의 예술가 거주 프로그램에서 열린 새해 전야 파티에 참석했는데 손님 중에 코펜하겐 닐스 보어 연구소 출신의 과학자 사라 스튜어트 존슨이 있었다. 존슨은 매사추세츠 공과대학(MIT)에서 방문 학자를 지냈고 미국에서 활동하고 있었다. 존슨이 시베리아 방선균 연구를 하며 방선균을 냉동 보존하고 있는 닐스 보어 연구소의 과학자 마틴 베이 헵스가르드를 소개해주었다. (현장 연구 시즌이 이미 끝났기 때문에 시베리아를 방문하지는 못했다.)

2005년 러시아의 콜리마 저지에서는 일군의 행성 과학자들이 지구상에서 가장 척박한 곳을 조사해 외계 행성에 생명이 존재할 가능성을 연구하는 작업을 진행하고 있었다. 남극과 캐나다 북부에서도 연구가 진행됐다. 방선균은 지구 전역에서, 육상은 물론 담수와 해수에서 모두 많이 발견된다. 하지만 시베리아 방선균에는 독특한 점이 있었다. 활동이 정지된 상태로 동결돼 있는 다른 고대 박테리아들과 달리 영하의 온도에서도 DNA 복구를 하고 있

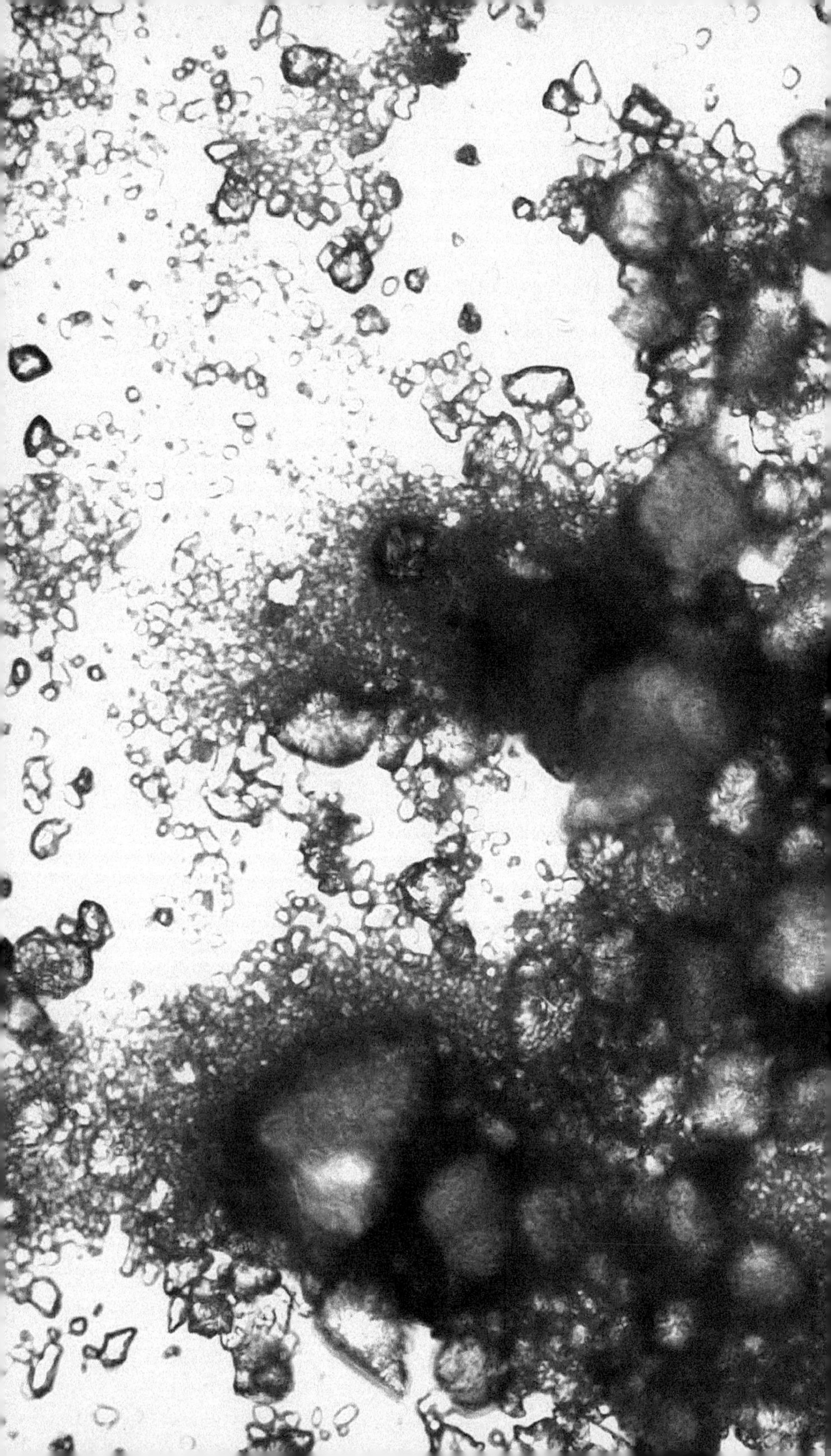

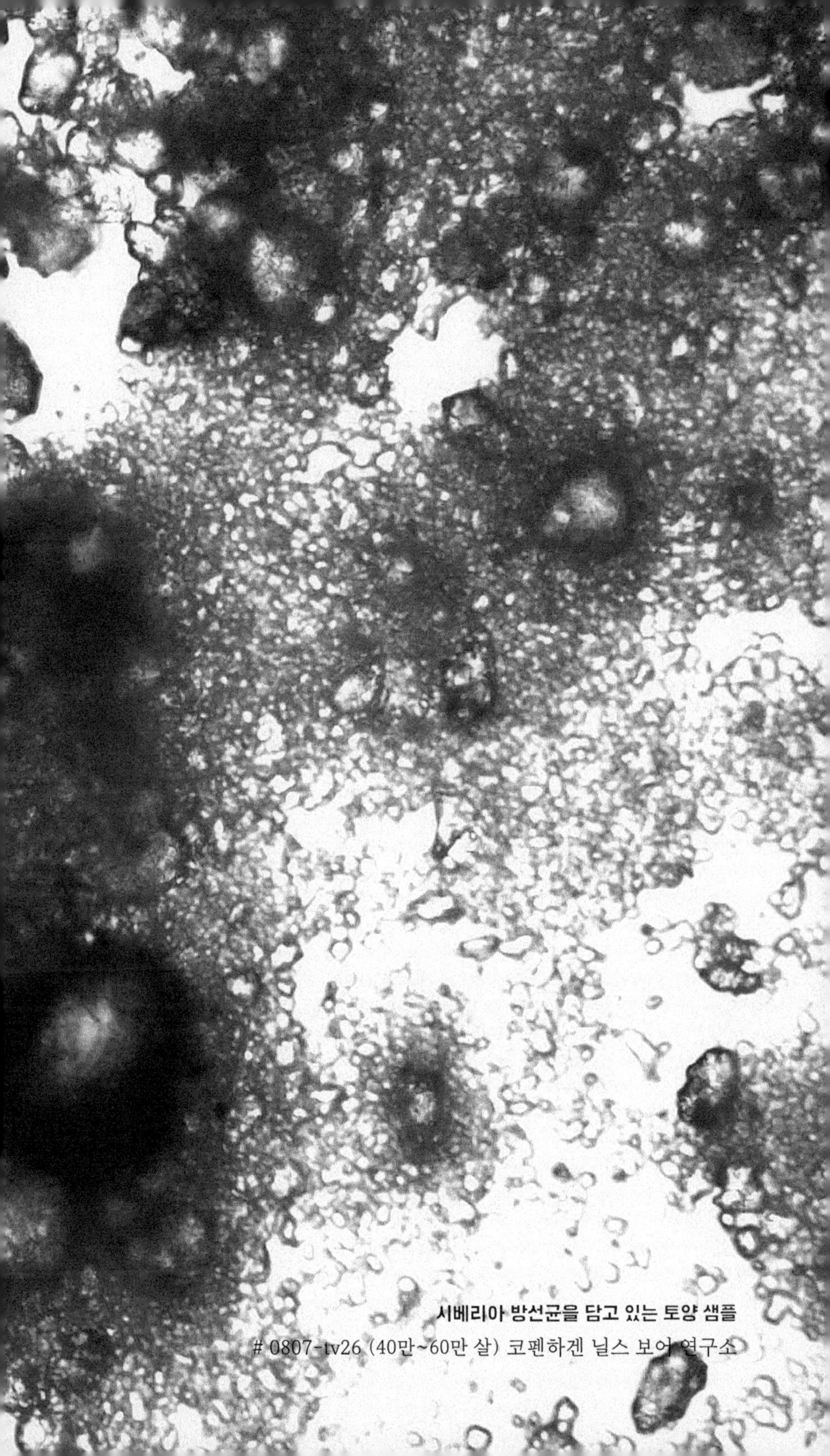

시베리아 방선균을 담고 있는 토양 샘플

0807-tv26 (40만~60만 살) 코펜하겐 닐스 보어 연구소

었다. 즉 50만 년 동안 살아 있는 상태로 아주 천천히 생장하고 있었던 것이다. 존슨에 따르면, 이후 연구팀은 그 세포들이 여전히 살아 있고 숨 쉬고 있다는 것을 증명하기 위해 9개월을 들였고, 별도의 실험실 연구를 통해 실험 결과를 확인했다. 결과는 확증되었고 2007년에 논문이 출판됐다.

박테리아는 생물 분류에서 고세균 역, 진핵생물 역과 구별되는 별도의 역을 차지한다. 하지만 모든 것을 딱 떨어지게 분류하길 좋아하는 인간으로서는 곤란하게도, 생물 분류의 상위 단위인 '역'과 '계' 수준에서는 여러 가지 분류 방식이 혼재한다. 우선 박테리아는 단세포 생물이다. 단세포 생물은 대부분 이분법으로 번식하는데, 세포가 충분히 커지면 둘로 쪼개지는 일을 무한정 반복하는 것이다. 또 박테리아는 핵이 없는 원핵생물이다. 그리고 박테리아와 고세균은 종종 호극성균의 범주에 속한다. 호극성균은 보통 생명체라면 도저히 살지 못할 극한의 환경에서 생존, 심지어 번성할 수 있는 생물을 말하는데, 쇠를 녹슬게 하는 미생물, 섭씨 80도까지 견디며 깊은 바다의 열수 분출 구멍에서 자라는 폼페이 벌레, 그리고 우주생물학자들이 발견한 몇몇 생명체들이 여기 속한다.

나는 헵스가르드(나중에 지도 이끼를 찾으러 그린란드에 나를 데리고 가줬다)를 코펜하겐에서 만났다. 그는 연구실에서 지켜야 할 수칙을 설명해줬고 우리는 보호 장구를 입었다. (우리를 균에서 보호하려는 것이라기보다는 방선균 샘플을 우리로부터 보호하려는 것 같았다.) 헵스가르드가 냉동실에서 박테리아가 담긴 뚜껑 달린 용기를 꺼내 슬라이드를 준비했다. 맨눈으로 보면 그냥 먼지처럼 보였다. 박테리아 연구자들은 대상을 꼭 시각적으로 표현할 필요가 없으니 아마 박테리아 시각화를 시도한 사람은 내가 처음이었을 것이다. 아쉽게도 50만 배 확대할 수 있는 주사 전자 현미경이 없어서 100배밖에 확대가 안 되는 단렌즈 현미경을 사용했다. 현미경의 머리 부분에 카메라를 고정시켜서 현미경으로 보이는 이미지를 촬영했고, 카메라는 다시 컴퓨터에 연결해 슬라이드를 실시간으로 보여줬다. 나는 슬라이드의 위치를 조정해가며 디지털 사진을 찍었다.

영구동토대에 묻혀 있는 뭔가 귀중한 것을 찾겠다는 목적을 처음부터 가지고 진행한 연구이긴 했지만, 이 과학자들이 살아 있는 최고령 생명체를 발견한 것은 역시 매우 운이 좋은 것이다. 이런 질문이 떠오른다. 우리가 아직 발견하지 못한 것은 무엇일까? 그리고 이런 질문도 떠오른다. 시베리아 방선균이 기후 변화를 겪으면 어떤 일이 생길까? 미생물의 활동은 기온이 높아지면 더 활발해지는 경향이 있다. 박테리아 자체는 걱정할 일이 아닌지도 모른다. 오히려 걱정인 것은 영구동토대가 녹으면서 내놓을 부산물이다. 존슨에 따르면 "기온이 계속 올라가면 영구동토대는 계속 녹을 것이다. 이는 큰 문제일 수 있다. 영구동토대에 갇혀 있던 유기탄소가 온난화 기체인 이산화탄소나 메탄의 형태로 대기 중에 방출돼 기후를 더 따뜻하게 만들 수 있기 때문이다".

아프리카

022 바오밥 나무

Baobab

나이

2,000살

위치

남아프리카공화국 림포포

별명

사골리 나무, 파푸리 나무, 글렌코 나무, 선랜드 나무

일반 이름

바오밥 나무

학명

아단소니아 디기타타Adansonia digitata

아프리카에서의 첫날 새벽, 바오밥 나무 전문가인 다이애나 메인, 크리스틴 맥리비와 함께 요하네스버그를 출발해 남아공의 북동쪽 끝을 향해 차를 몰았다. 이메일로 여러 단계를 거쳐서 메인에게 연결되었는데, 메인은 기꺼이 바오밥 나무를 보러 림포포에 함께 가주겠다고 했다. 우리는 루이스 트리차트라는 마을에 있는 메인의 친구네 집에 먼저 들렀다. 이 친구는 지속 가능한 방식으로 바오밥 기름을 생산하는 지역 사업을 일구고 있었다. 바오밥 기름은 화장품부터 샐러드 드레싱에 이르기까지 널리 쓰인다. 바오밥 나무에는 여러 이야기가 전해지는데, 옛날에는 스스로 일어나서 돌아다녔다고도 하고, 신을 노엽게 해서 그 벌로 거꾸로 심겼다고도 한다. (나뭇가지들이 뿌리처럼 생겼다.)

확실하지는 않지만 사골리 나무는 살아 있는 가장 오래된 바오밥 나무일 가능성이 크다. 일주일간 이어질 우리 여정에서 가장 먼저 볼 나무가 사골리 나무였다. 운전은 거의 나 혼자 했기 때문에 오른쪽 운전석에서 차를 모는 것이 점차로 익숙해졌다. 오른쪽 운전석에 앉는 것보다 더 어려운 일은 엄청나게 제한 속도가 높은 도로인데도 아무렇게나 길을 건너는 소, 당나귀, 염소, 사람들을 피하는 것이었다. 여기에 필적할 만하다고 떠오르는 곳은 시칠리아뿐이었다. 우리는 '타르 도로(포장도로)'를 벗어나 사골리 나무가 있는 부족민의 땅으로 향하는 비포장도로에 들어섰다. 몽구스 한 무리가 차 앞으로 뛰어들었는데, 안타깝게도 적어도 한 마리가 목숨을 잃었다.

사골리 나무에 도착했을 때는 늦은 오후였다. 약간의 관광비를 내고 안으로 들어갔다. 인근 부족민들의 소리와 가축들 목에서 울리는 낮은 벨소리가 늦은 오후의 햇빛 속에서 몽환적으로 들렸다. 사골리 나무는 매우 큰데, 나무껍질은 부드러웠고(그래서 나무 속살에 이름을 새겨놓은 사람들이 많았다) 나뭇가지는 곧았다. 바오밥 나무는 낙엽성이라 건기인 겨울(7월이었다)에 오길 잘했다. 여름에는 잎이 나뭇가지를 뒤덮어 나뭇가지의 굉장한 구조를 볼 수 없을 것이었다. 바오밥 나무의 희한한 생김새는 '형태는 기능을 따른다'는 말을 보여주는 사례라 할 만하다. 나무의 몸통이 물탱크 역할을 해서 가뭄이 길어질 때 스스로에게 물을 공급한다.

바오밥 나무도 자이언트 세쿼이아처럼 장수 생물로서는 드물게 크기가 매우 큰 축에 속한다. 나이가 들면서 중심부가 펄프질로 변해 속이 비기 때문에 연대 측정이 어렵기로 악명 높다. 이렇게 속이 빈 나무는 동물들의 자연적인 거처 역할을 한다. 하지만 이보다 훨씬 신중하지 못한 인간들도 사용하는데, 예를 들면 화장실, 감옥, 심지어 술집으로 쓴다. (며칠 뒤, 술집으로 쓰인 바오밥 나무를 보았다.)

나무 주위를 서성이는 동안 그림자가 점점 길어졌고, 크루거 국립공원의 파푸리 정문으로 가기 위해 타르 도로로 되돌아왔을 무렵에는 해가 완전히 져 있었다. 크루거 국립공원의 전기 담장에서 얼마 떨어지지 않은 곳에 텐트를 치고 그날 밤을 보냈다. 크루거 국립공원에는 사자, 레오파드, 치타(세상에!) 등이 많다. 익숙지 않은 소리가 계속 들리는 칠흑같이 깜깜한 숲에서 자다 깨다 하며 밤을 보냈다. 한밤중에 텐트 밖의 개수대에서 원숭이들이 내가

파푸리 바오밥 나무 # 0707-1335 (최대 2,000살) 남아프리카공화국 크루거 국립공원

깜빡 놓고 온 치약을 먹는 것 같은 소리가 들렸다. 하지만 나가서 확인해볼 엄두는 나지 않았다. 다음 날 아침 치약이 그대로 있는 것을 보고 깜짝 놀랐다.

일어나니 하늘이 흐렸다. 건기에는 매우 드문 일이었다. 더욱 이상하게도 파푸리 바오밥 나무까지 우리를 안내해줄 무장 공원 관리인을 만났을 무렵에는 장대비가 쏟아졌다. 크루거 국립공원 방문자들은 금렵 구역 전 지역에서 안내인 없이 주도로를, 아니 더 정확하게는 자동차를 벗어나지 못하게 돼 있다. 인명 피해가 발

사골리 바오밥 나무

0707-000506 (2,000살) 남아프리카공화국 림포포 주

▲ **사골리 바오밥 나무** # 0707-0824 (2,000살) 남아프리카공화국 림포포 주

▼ **선랜드 바오밥 나무 "맥주"** # 0707-2128 (최대 2,000살) 남아프리카공화국 림포포 주

생하는 경우가 있긴 하지만 매우 드물고, 대개 공원 규칙을 지키지 않아서 변을 당하는 경우다. 이런 피해자는 대부분 밀렵꾼이다. (불법 야생동물 거래는 경제 규모로 보면 인신매매나 마약 거래와 비견될 만하다.) 사자, 레오파드, 악어에게 공격을 받아서 부상을 당하거나 사망하는 것이다. 하지만 훈련받은 공원 관리인이라고 늘 안전한 것은 아니다. 불법 어망을 감시하던 한 현장 관리인이 새끼 코끼리를 놀라게 하는 바람에 어미 코끼리한테 밟혀 죽은 일이 있었다.

사골리 나무보다 크지는 않지만 파푸리 나무도 보호 구역의 다른 나무들보다 훨씬 컸고 놀라울 정도로 희한한 형태를 하고 있었다. 내가 사진을 찍는 동안 모두 나무 주위를 서성거리며 나무에 대해 이야기했다. 하늘은 맑아졌다가 다시 흐려졌으며 비가 내렸다가 다시 빗줄기가 약해졌다. 메인은 전날 사골리 나무를 보러 갔을 때처럼 기록과 측량을 했다.

길을 따라 조금 더 가니 '열병 나무' 숲이 나왔다. 우아한 담록색의 나무껍질을 가지고 있었다. 열병 나무라는 이름은 말라리아와 관련이 있다. 나무 자체가 말라리아를 유발하는 것은 아니지만 이 나무는 축축한 땅을 좋아해서 주위에 모기가 잘 꼬인다. 조금 더 가니 림포포 강의 마른 둑이 나왔다. 먼 강변 쪽으로는 짐바브웨와 모잠비크와의 국경이 있다. 국경에 철책은 없지만 넓게 트인 지역에서 사자들이 보초를 선다. 사자들은 사정 봐주는 것 없이 엄격하게 출입국을 막는다.

선랜드 바오밥 나무 # 0707-2303 (최대 2,000살) 남아프리카공화국 림포포 주

야생동물들을 보는 데 얼마나 시간을 쓸 것이냐를 두고 일행들 사이에 의견이 분분했다. 격론 끝에 그냥 다음 나무를 찾으러 가기로 했다. 길고 구불구불한 도로를 한참 달린 뒤, 어두울 무렵 선랜드 바오밥 나무에 도착했다. 선랜드는 나무의 빈 속을 술집으로 활용한 것으로 유명하다. 하지만 영업을 하지는 않는 것 같았다. '맥주'라고 쓰인 간판이 나무 몸통에 걸려 있었고 야외 조명등이 있었으며 안에는 살롱 스타일의 오래된 가구들이 있었지만, 술을 실제로 팔고 있지는 않았다. 마땅히 존경받아야 할 연로한 나무가 우스운 볼거리가 된 것을 보니 마음이 좋지 않았다.

마지막으로 볼 바오밥 나무는 글렌코 나무였는데 민간 소유의 농장에 있었다. 메인이 농장 주인과 약속을 해두었고 농장 주인은 기꺼이 우리를 맞아주었다. 평평한 농장에 거대한 나무가 덩그러니 서 있었다. 오래 전에 이 나무는 번개에 맞아서 뿌리가 반쯤 들린 채 옆으로 넘어진 적이 있었다. 지상으로 노출된 뿌리들은 스스로를 나뭇가지로 변화시켰고, 그래서 이 나무는 독특한 좌우 대칭 형태를 갖게 되었다. 바오밥 나무들은 나이를 먹으면서 자신만의 독특한 특성을 만들어나간다.

자정이 넘어 요하네스버그에 돌아왔다. 10시간도 넘게 운전을 한 데다, 메인이 안전하지 않다고 주의를 준 도로에서 교통 체증으로 한참 동안 서 있으면서 신경을 곤두세우느라 녹초가 되었다. 다음 날 아침, 크리스틴과 나는 지하 삼림을 보러 프레토리아에 가기로 되어 있었다. 요하네스버그를 떠나기 전 메인의 남편은 우리가 빠져나가야 하는 고속도로의 진출로에서 그날 아침에 '깨고 집어가는 강도'(자동차의 창문을 깨고 안에 있는 것을 집어서 도망가는 것이다)가 있었으니 조심하라고 말했다. 그가 알려준 방법은, 진출로에서 어슬렁거리는 사람을 보거든 빨간 신호고 뭐고 무시하고 무조건 계속 달리라는 것이었다. 다행히 지하 삼림이 있는 곳까지 아무 사고 없이 도착했다.

글렌코 바오밥 나무

0707-3305 (최대 2,000살) 남아프리카공화국 림포포 주

023 지하 삼림

Underground Forests

나이

1만 3,000살 (현재는 살아 있지 않음. 다른 개체들은 살아 있음)

위치

남아프리카공화국 프레토리아

별명

지하 삼림

일반 이름

난쟁이 모볼라 (그리고 다른 것들)

학명

파리나리 카펜시스Parinari capensis (그리고 다른 것들)

바오밥 나무에 대해 조사하던 중 내가 들어본 가운데 가장 영리한 생존 전략 하나를 우연히 알게 되었다. 통칭 아프리카의 '지하 삼림'이라고 부르는 식물의 생장 전략이었다. 프레토리아 국립식물원 식물학자인 브람 반 위크의 설명에 따르면, 건조하고 불이 잘 나는 남아프리카 저지대에서 몇몇 군집성 나무들이 매우 놀라운 방식으로 적응을 했는데, 다른 나무들은 화재에 견딜 수 있도록 두꺼운 나무껍질을 발달시킨 반면, 지하 삼림은 몸통의 대부분을 땅속으로 이동시켰다. 지표상에 보이는 부분은 사실 나무의 머리 꼭대기다. 토양이 자연 방화벽 역할을 해서 땅속에 묻혀 있는 몸통 부분을 보호한다. 불이 나더라도 땅 위의 잎과 잔가지만 피해를 입기 때문에 나무 자체는 쉽게 회복된다. 눈썹이 그을리면 곧 다시 자라는 것과 비슷하다고 보면 된다.

지하 삼림 중 오래된 것들은 무성 번식으로 생장하며 최고령은 1만 3,000살 정도 됐다고 알려져 있다. 하지만 그보다 훨씬 더 오래됐을 수도 있다. 그리고 이 위도에서는 빙하기를 견딜 필요가 없었다는 이점도 있다.

지하 삼림은 리좀이라고 불리는 중심부의 나무줄기 하나에 방대한 뿌리와 줄기 시스템으로 이뤄져 있는데 요하네스버그와 프레토리아에서 많이 볼 수 있고 사하라 이남 아프리카에서도 잘 자란다. 브람 반 위크는 토지 개발 등으로 손상되지 않은 땅이라면 어디에서나 지하 삼림을 발견할 수 있을 것이라고 말했다. 정확한 연령을 측정할 수 있는 방법은 아직 알려지지 않았지만 성장률 분석을 통해 추정해볼 수는 있다.

지하 삼림 # 0707-10333 (1만 3,000살, 현재는 살아 있지 않음) 남아프리카공화국 프레토리아

지하를 향해 자란 이 나무들은 대체로 불편함을 유발해서 발견되곤 했다. 건설 노동자들이 길을 닦다가 지하 삼림을 발견하면 캐어내기 어려워서 고전한다. 어떤 지하 산림은 독성이 있어서 가축을 키우는 농민에게 골칫거리가 된다. 농민들은 파내지 않고도 지하 삼림을 없앨 수 있는 방법을 고안해냈다. 꽃병에 꽃을 꽂아 물을 흡수하게 하듯, 살아 있는 나뭇가지 몇 개를 베어 베인 가지가 물을 흡수하게 만든다. 가지가 물을 흡수하면 물을 독약으로 바꾼다. 그러면 나무는 자기도 모르는 사이에 독약을 마시고 죽게 된다.

아프리카의 겨울은 바오밥 나무를 보기에는 좋았지만 지하 삼림 군락을 보기에는 좋은 시기가 아니었다. 겨울에는 잎이 떨어지기 때문에 낙엽성인 것들은 눈으로 보기가 어렵기 때문이다. 하지만 내가 촬영을 했던 지하 삼림은 개발되지 않고 섬처럼 남아 있는 풀밭 위의 오렌지색 토양을 배경으로 밝은 초록빛을 내고 있었다. 그 지하 산림이 있던 곳은 고속도로와 식물원 사이로, 차들이 가지 못하는 곳에 위치한 교통의 섬이기도 했다.

하지만 이제는 더 이상 그렇지 않다. 내가 방문하고 나서 얼마 뒤 식물원 근처에 도로를 새로 내느라 이 나무를 없앴다고 반 위크가 알려주었다. 다행인 점은 지하 삼림이 아직 많다는 점이고, 안타까운 점은 지하 삼림은 한 번 사라지면 영원히 사라진다는 점이다. 1만 3,000년간의 성장을 짧은 시간에 되풀이시킬 수는 없다. 그리고 우리는 지하 삼림에 대해 모르는 것이 아직 많다. 매우 흥미롭기는 하지만 지하 삼림은 일반인은 고사하고 식물학자들에게도 잘 알려져 있지 않기 때문이다.

024 웰위치아

Welwitschia

나이

2,000살

위치

나미비아 나미브-나우클루프트 사막

별명

없음

일반 이름

웰위치아

학명

웰위치아 미라빌리스Welwischia mirabilis

웰위치아는 나미비아와 앙골라 연안을 따라 해안의 안개와 사막이 만나는 곳에서만 사는, 진짜 희한하고 독특한 식물이다.

생김새로 봐서는 전혀 그렇게 안 보이지만 웰위치아는 나무다. 특이하고 논란이 많은 '마황과' 식물로, 소나무 과 식물의 자매과라고 여겨진다. 소나무 과 침엽수들이 그렇듯이 웰위치아도(원시적인 형태이기는 해도) 솔방울을 만든다. 길다랗게 곧은 뿌리가 있고 땅 위로는 거의 파도같이 일렁이는 형태를 하고 있다. 나이테가 있긴 한데, 하도 왜곡된 모양이라 나이를 추정하기는 어렵다. 그리고 식물계에 속하는 다른 어느 생물과도 달리 평생 동안 딱 두 장의 잎만 키운다. 처음에는 떡잎이 나는데, 떡잎이 떨어진 후에 나는 본잎은 평생 동안 절대로 떨어지지 않고 성장이 멈추지도 않는다. 거대한 잎 더미처럼 보이는 것이 사실은 딱 두 장의 잎이다. 두 장의 잎이 길게 자라면서 켜켜이 구부러져 쌓이고 손상되고 갈라져가며 형성된 모양인 것이다.

나미비아에는 석화림이 많지만 나무의 형태를 알아볼 수 있는 것은 없다. 커스텐보시 국립식물원의 수석 원예사 에른스트 반 자르스벨드는 웰위치아를 살아 있는 화석이라고 부른다. 거의 사라져버린 고대 생태계를 담고 있는 유물이라는 것이다.

연구자인 캐서린 제이콥슨은 웰위치아가 1억 500만 년 전에 번성했다가 기후 변화 때문에 특정 지역으로 점점 고립되었을 것이라는 가설을 세우고 있다. 하지만 이야기는 여기에서 그치지 않는다. 반 자르스벨드는 내게 보낸 이메일에서 '최근에 브라

웰위치아 미라빌리스

0707-6724 (약 2,000살로 추정) 나미비아 나미브-나우클루프트 사막

웰위치아 미라빌리스 # 0707-22411 (2,000살) 나미비아 나미브-나우클루프트 사막

질 북부에서 웰위치아처럼 보이는 화석 식물이 발견되었는데 1억 1,500만 년 전 것으로 보이며 그 시절에는 아프리카와 아메리카 대륙이 붙어 있었다'고 말했다.

케이프타운에서 만난 반 자르스벨드는 웰위치아가 영원히 청소년기에 머물러 있다고 했다. 어른이 되지 않으며 나이를 먹는 피터 팬처럼 말이다. 하지만 웰위치아는 나무일까? 엄격하게 말해 웰위치아는 몸통이 있다. 나무의 특징을 말해보라고 다그쳤더니 반 자르스벨드는 웃으며 '타고 올라갈 수 있어야죠'라고 말했다.

그건 그렇고, 다시 사막으로 돌아오자.

레이첼 홀스테드(맥도웰 콜로니에서 알게 된 아일랜드 작곡가)와 크리스틴 맥리비와 나는 케이프타운을 떠나 남아공 해변을 타고 나미비아로 들어가고 있었다.

나는 느긋한 마음으로 주변의 광활한 풍경에 빠져들었다. 그랜드 캐니언 다음으로 큰 피시 리버 캐니언, 자이언트 플레이그라운드의 평원에 바위들이 흩뿌려진 듯한 풍경, 새벽녘의 사시나무들, 소수스플라이 사막의 붉은 모래 언덕, 데드플라이의 죽은 나무들. 사막은 내 상상을 훨씬 뛰어넘을 만큼 아름답고 다양했다.

하지만 이 여행에 난관이 없는 것은 아니었다. 나는 말에서 떨어졌다. 자세히 말하면, 성난 말이 나를 나무에 들이박아 떨어뜨리려고 시도하는 바람에(다행히 이 시도는 실패했다), 전속력으로 달리던 말 등에서 튕겨져 나와 울타리 옆으로 데굴데굴 굴렀다. 온통 붓고 멍투성이가 됐지만 그만하길 천만 다행이었다. (전문가의 조언 : 낯선 곳에서는 말 타봤네 하고 목장주에게 말하지 말 것. 그랬다가는 길들여지지 않은 말에 타게 될 것임.) 깜깜한 밤에 사파리 숙소에 가기 위해 북쪽으로 가다가 거대한 영양을 차로 칠 뻔했다. 다행히 우리도 영양도 무사했다. 나중에 호주 아웃백에서 밤에는 절대 운전하지 말라는 조언을 들었을 때 나는 이미 이 교훈을 깊이 새기고 있었다.

하지만 가장 절박했던 문제는 몇 개월간 서신을 주고받으면서 웰위치아 있는 곳에 나를 데려가주기로 약속했던 고바벱 연구센터 과학자들이 막상 나미비아에 도착해보니 앙골라에 가고 없었던 일이다. 대신할 다른 사람도 소개해주지 않고. 다행히 내 친구의 이웃의 여동생의 뉴욕 사는 친구가 빈트후크에서 여행사를 운영하고 있었다. (작은 세상이다.) 니콜 볼란드는 일정을 짜고 예약하는 것을 도와주었다. (나미비아에 예약이나 계획 없이 무작정 가면 안 된다. 그랬다가는 오도 가도 못하게 될 것이다.)

니콜은 스와콥문트에서 지인을 찾아냈고, 그가 다시 독학으로 공부한 자연학자인 조지에게 나를 연결시켜주었다. 그리고 조지가 우리를 나미브-나우클루프트까지 안내해주기로 했다. 스와콥문트는 1892년에 독일 제국이 세운 특이한 마을로, 아직 독일식 해변 마을 모습이 남아 있다. 이 지역 고등학생이 공연하는 뮤지컬 〈그리스〉를 보지 못한 것이 유감이다. 문화적 이질성을 한층 더할 수 있었을 텐데.

우리 네 명은 지프를 타고 광대한 사막의 국립공원으로 들어갔다. 마을에서부터 바짝 마른 땅으로 물을 나르는 파이프가 새로 놓인 것을 제외하면 별다른 특징은 없는 곳이었다. 조지는 나미비아 정부가 공원의 상당한 부분을 다국적 광산 기업에 임대했다고 말해주었다. 광산 기업들이 나미비아 사람들에게 저임금 일자리를 일부 제공해주긴 하지만 나미비아는 천연자원을 채굴하는 것에서 나오는 수익을 공유하지 못하고 있다. '스와콥 우라늄 : 출입 제한' 같은 표지가 계속 나타나는 것을 보면서, 나는 국립공원으로 지정하는 것이 무슨 의미가 있는지 의아해지기 시작했다.

▲ **나미브-나우클루프트의 웰위치아** # 0707-06736 나미비아

▼ **어린 웰위치아** # 0707-06520 나미비아 나미브-나우클루프트

스와콥문트에서 나미브-나우클루프트로 가는 길 나미비아

우리는 웰위치아 길을 따라서 차를 몰았다. 이 길에 '큰 웰위치아'가 있었다. 매우 적절한 이름이었다. 여기에는 울타리가 쳐져 있고 무너질 듯 보이는 관망대가 있었다. 많은 식물들이 사막의 풍경을 방해하며 들어와 있었다. 어떤 것은 작았고, 어떤 것은 왜 그것만 특별대우를 받을까 궁금할 만큼 컸다.

대부분의 식물처럼 빛, 물, 영양, 산성도, 그리고 다른 많은 요인들이 성장률에 영향을 미칠 수 있지만, 일반적으로 웰위치아는 나이가 많을수록 크기가 크다. 우리는 관광용 길을 벗어나서 더 크고 울타리가 없는 웰위치아를 향했다. 조지가 정확한 정보를 알고 있지는 못했지만 그래도 상관없었다. 그의 도움으로 나는 찾으려던 것을 찾을 수 있었으니까. 해괴한 모습의 웰위치아를 보니, 나미비아에서 아이들이 말을 안 들으면 웰위치아가 잡아간다고 겁을 준다는 것이 이해가 갔다.

오후가 깊어지면서 우리는 사막을 떠나 좀 더 푸른 풍경이 있는 캐니언을 향했다. 지프가 가는 길옆으로 선사시대의 분위기를 내며 타조가 돌아다녔다. 한꺼번에 많은 생각이 떠올랐다. 웰위치아의 원시적이고 생뚱맞아 보이기까지 하는 모습, 역시나 매우 생뚱맞아 보이는 근본을 가진 식민지 시대의 마을, 그리고 자연 자원이 마치 무제한 존재하는 양 채굴되고 있는 상황과 이 나라(그리고 이 점에서는 아프리카 대륙 전체)의 미래 등등.

나미비아의 국가 나무인 웰위치아는 어찌어찌해서 척박한 사막에서 살아남았다. 그러기 위해 태어난 것인지도 모른다.

호주

025 남극 너도밤나무

Antarctic Beech

나이

6,000~1만 2,000살

위치

호주 퀸즈랜드 주

별명

없음

일반 이름

남극 너도밤나무

학명

노토파구스 무레이Nothofagus moorei

2010년에 테드 강연을 하고 나서 얼마 지나지 않았을 때 생물학자 로브 프라이스한테 이메일을 한 통 받았다. 그는 남극 너도밤나무에 대해서도 알아보았느냐고 물었다. 알아보기는커녕 들어본 적도 없었다.

노토파구스 무레이는 예전에는 인종주의적인 별명을 가지고 있었지만전에는 니그로헤드 너도밤나무라고 불렸다.-옮긴이 현재는 남극 너도밤나무라고 불린다. 그리고 지금은 호주 퀸즈랜드 주에 살지만 원래 남극 출신이다. 남극에 살던 시절은 1억 8,000만 년 전이긴 하지만 말이다. 오늘날의 남극 기후에서라면 물론 살지 못할 것이다. 이 나무에게는 습하고 더 온화한 맥퍼슨 산맥 고원의 레밍턴 국립공원 기후가 딱 알맞다. 노토파구스 무레이는 오늘날 남아메리카에서 발견되는 노토파구스 안타르크티카의 친척이다. 노토파구스 안타르크티카는 지구상에서 가장 남쪽에 사는 나무이며 지구의 심원한 역사에서 호주와 남극(안타르크티카)의 식물 세계를 연결시켜주는 드문 사례다.

그건 그렇고, '지금, 여기'로 돌아와보자. 시드니에서 16시간의 시차에 적응하느라 하루이틀을 보내고 나서(그동안 나를 묵게 해준 로버트 토드는 숲에서 마주치게 될지 모르는 모든 종류의 독뱀에 대해 설명해주려고 했다) 연안의 한적한 공항에 도착했다. 프라이스가 마중 나와 있었다. 나는 그가 진짜 히피한테 빌린 집의 마당에 설치된 진짜 히피 트레일러에서 묵을 참이었다. 프라이스는 집주인들의 염색 공방이 있는 1층에서 자기로 했고, 이 집 식구들은 위층에 살고 있었다. 내 트레일러 옆에는 메추리들이 우리에 갇

남극 너도밤나무

1211-0367 (1만 2,000살) 호주 퀸즈랜드 주 레밍턴 국립공원

혀 있었다. (냄새까지 가두지는 못했다.) 나는 앙증맞은 메추리알 프라이가 든 샌드위치를 대접받았다. 아, 메추리한테서는 아니고 프라이스한테서. 조이를 처음 만났을 때 조이의 뺨에는 꽃 그림이 그려져 있었다. 여신 워크숍에서 막 돌아온 참이라고 했다. (다음 날에는 여성 성기의 다양성과 영예로움에 대한 사진집을 가지고 왔다.) 그 집 딸은 전도유망한 공중곡예사였다. 그리고 나로 말하자면 은퇴한 곡예사였다. 못 믿으시겠지만 나는 어렸을 때 기계 체조를 했다. 더 못 믿으시겠지만 기계 체조를 하기에는 너무 늦은 나이인 25세에 다시 시작했고, 갑자기 몸에 무리가 가지 않게 하기 위해서 고정 공중그네를 같이 배웠다. 나는 몸이 안 따라서 그만두어야 했던 30대 초까지 뉴욕의 클럽들에서 영화 제작자 기타오 사쿠라이와 함께 공중그네 공연을 했다. 우리는 팀워크가 좋았다.

다음 날 프라이스와 나는 기울어가는 해변 마을을 떠나 레밍턴 국립공원에 갔다. 등산길은 그리 가파르지는 않았지만 수 킬로미터에 달했다. 한두 달 전에 스리랑카에서 다친 손목에 아직 깁스를 대고 있어서 몸 상태가 좋지 않았다. 게다가 만성적인 허리 통증도 있었다. 앞에서 말한 기계 체조 때문에 생긴 것인데, 카메라 장비를 메고 지구 곳곳을 다니느라 더 악화되었을 것이다. 하지만 나는 '여기'에 있었고, 내가 하는 일은 어정쩡하게 하는 것이 불가능했다. 월러비, 과일박쥐, 큰박쥐, 그리고 희귀한 새들이 보였다. 프라이스는 완전히 산사람 같았다. 산에서 만나는 모든 동물과 개인적으로 아는 사이로 보일 정도였다. 오솔길에서 독뱀을 만나도 전혀 동요하지 않았다. (10살 무렵 캠핑 활동 비슷한 것으로 '캐롤라이나 뱀에 물리기 클럽'이라는 데 참여했던 기억이 났다. 검은 뱀이

▲ **나무줄기들과 이끼** # 1112-0355 호주 퀸즈랜드 주 레밍턴 국립공원

▼ **산을 오르다 만난 붉은배검은뱀** 호주 퀸즈랜드 주 레밍턴 국립공원

들어 있는 자루에 손을 넣고서 물릴 때까지 그러고 있어야 했다. 물리고 나면, 짝짝! 회원이 되셨습니다! 그렇다. 80년대는 정말 다른 시대였던 것이다.) 길을 올라가는 동안 프라이스는 위장 속에서 새끼를 부화시키는 개구리에 대해 이야기해주었다. 이 개구리는 위산 분비를 멈추고 수정된 알을 삼켰다가 올챙이가 태어날 때가 되면 토해낸다고 한다. 흥미로운 진화적 전략이기는 하지만 그 개구리가 지금은 멸종했다는 사실이 놀랍게 들리지 않았다. 어쨌든 시도는 가상하긴 하다.

숲은 무성했고 태고의 느낌을 가지고 있었다. 뉴욕에서 호주까지 오는 긴 시간 동안 느꼈던 피로가 산을 올라가면서 느낀 정직한 피로에 밀려 사라졌다. 거대한 양치식물을 보니 초등학교 교과서에 나왔던 데본기 그림이 생각났다. 다양한 연령대의 남극 너도밤나무가 보였다. 하나의 뿌리 시스템에서 줄기가 여러 개 나온 것도 있었다. 우리는 연구 논문과 눈앞에 보이는 나무들을 맞춰보면서 연령을 확인해나갔다. 하지만 여기 있는 나무 대부분은 연구가 된 적이 없다. 최고령 나무는 우리가 올라간 산길의 정상에 있었다. 숲의 매우 무성한 부분에 '요정의 고리'(버섯이 고리 모양으로 자라 검푸르게 된 부분)가 있었고 거기에 1만 2,000년 된 나무가 있었다.

해안으로 차를 타고 돌아오는 길에 내 왼쪽 어깨 아래 쇄골 근처에서 피가 흐르는 것을 발견했다. 거머리는 응고 작용을 방해해서 피가 멎지 않고 계속 흐르게 만든다. 그래서 상처의 크기에 비해 피가 많이 난다. 문제의 거머리는 어디에도 보이지 않았지만 프라이스는 거머리가 문 자국을 찾아냈다. 일단 피가 나오는 곳에 냅킨을 댔다. 고대에는 거머리를 이용해 일부러 피를 내보내는 의료 행위가 이뤄졌다는 것을 생각하니 움찔하지 않을 수가 없었다. 고대 그리스에서는 그렇게 피를 내보내면 체액들을 재정비할 수 있다고 믿었다. 오늘날에도 이런저런 질병을 치료한다며 거머리를 이용해 출혈을 일으키는 곳들이 있는데, 현대 의학을 알고 있는 우리에게는 피를 흑담즙, 황담즙, 가래 등의 다른 '신체 물질'과 연결시키는 것이 어리석어 보인다. 하지만 우리가 오늘 확실하다고 생각하는 것 중에 많은 것이 내일 우스꽝스러운 것으로 판명될 수 있다. 그리고 우리가 보기에는 어처구니없는 고대의 생각이나 행위 중에 훗날 합리적이라고 판명되는 것도 많을 것이다.

다음 날, 낮게 깔린 구름 뒤로 태양이 숨고 안개가 끼는가 싶더니 장대비가 내렸다. 프라이스와 나는 또 다른 요정의 고리가 있는 쪽으로 차를 몰았다. 공원의 더 가까운 쪽이었는데 길 안내가 잘되어 있었다. 다음 날 멜버른을 거쳐 타즈마니아로 갈 예정이었기 때문에 지금 촬영하지 않으면 기회가 없었다. 시야도 흐린 상황에서 시린 손으로 삼각대를 세우고 프라이스가 카메라에 우산을 받쳐주는 동안 사진을 찍었다.

남극 너도밤나무

1211-2717 (6,000살) 호주 퀸즈랜드 주 레밍턴 국립공원

026 타즈마니아 로마티아

Tasmanian Lomatia

나이

4만 3,600살

위치

타즈마니아 사우스웨스트, 호바트 타즈마니아 왕립 식물원

별명

왕의 호랑가시나무, 왕의 로마티아

일반 이름

타즈마니아 로마티아

학명

로마티아 타스마니카Lomatia tasmanica

로마티아 타스마니카는 심각하게 멸종 위기로, 딱 하나의 개체밖에 남아 있지 않다.

아주 드물게 진분홍 꽃을 피우는데, 각각의 꽃에는 암술머리와 꽃가루가 있다. 하지만 3배체(유전적으로 매우 희귀한 변종이다) 식물이기 때문에 수분으로 번식하지 않는다. 로마티아 타스마니카는 1934년에 처음 채집되었는데 그 군생지는 지금 사라지고 없다. 1967년 로마티아 타스마니카가 또 발견되었고 1991년 인근에서 채집한 잎 조각으로 추정한 결과 연령이 최소 약 4만 3,600살로 밝혀졌다. 어쩌면 이보다 두 배 정도 더 되었을 수도 있다.

타즈마니아는 내가 촬영 대상에 직접 접근하는 것이 허용되지 않은 유일한 곳이었다. 나는 타즈마니아 남서부 사우스웨스트에 있는 로마티아 타스마니카와 타즈마니아 북서부 리드 산에 있는 휴언 파인을 직접 보지 못했다. 타즈마니아 공원 관리부는 나름의 관심사가 따로 있는 것 같았다. 수익을 내는 광산 기업과 벌목 기업들을 고려해 내가 프로젝트를 진행할 수 없게 하려고 작정한 듯했다. 시드니의 한 친구가 타즈마니아를 호주의 알래스카라고 생각하라고 했는데, 그렇게 생각하니 좀 이해가 됐다. 이곳에서는 본토와 다른 규칙에 따라 일이 돌아가며 때로는 규칙 자체가 없기도 하다.

로마티아 타스마니카는 열대 우림이 무성한 강가의 그늘진 곳에 산다. 유전학자 재스민 린치의 논문에 따르면 수백 개의 줄기가 1.2킬로미터에 걸쳐 있고, 하늘하늘한 가지를 곧게 세울 수 있

로마티아 타스마니카

1211-0398 (4만 3,600살, 번식용 가지들), 호바트 타즈마니아 왕립 식물원

▲ **로마티아 타스마니카** # 1211-0426 (4만 3,600살, 번식용 가지) 호바트 타즈마니아 왕립 식물원

▼ **로마티아 타스마니카** # 1211-0441 (4만 3,600살, 연구용 온실) 호바트 타즈마니아 왕립 식물원

다면 높이가 8미터에 달할 것이라고 한다. 야생의 서식지에 있는 모습은 못 보았지만 타즈마니아 왕립 식물원에서 번식용으로 심어놓은 가지는 볼 수 있었다. (기술적으로는 같은 나무이지만, 화분의 나뭇가지를 보는 것과 사우스웨스트의 깊은 산을 이틀 정도 등산해서 그 나무가 4만 3,600년 동안 살아온 장소에 서 있는 것을 보는 것은 천지 차이일 것이다.)

희귀식물과 멸종 위기 식물 담당 큐레이터인 로레인 페린스는 자연 서식지가 아닌 곳 중 로마티아를 볼 수 있는 곳은 호바트 식물원과 캔버라에 있는 또 다른 식물원뿐이라고 했다. 그리고 여기에서도 대중에게 공개되지는 않는다고 했다. 너무 예민하기 때문인데, 언젠가 로마티아 화분을 일반에 전시하느라 약간 다른 환경 조건에 한나절쯤 두었더니 바로 죽어버렸다고 한다. 생존에 유리한 체질은 아닌 것 같다.

야생 서식지에서는 뿌리 병충해 피토프토라 신나모미가 로마티아를 위협하고 있다. 조심하지 않으면 신발 같은 것에 묻어가서 나무의 뿌리를 썩게 만든다. 식물원의 식물학자들은 타스마니카의 줄기를 다른 로마티아종에 접목하는 것을 시도하고 있는데 그리 성공적인 것 같지는 않다. 그러는 동안, 로마티아 타스마니카는 자신이 알고 있는 유일한 방식으로 생존해가고 있다. 계속해서 자기 복제를 하는 것이다. 이론적으로는 불멸이지만, 불안정해지는 기후를 생각하면 오래 생존하기는 어려울 것 같다.

027 휴언 파인

Huon Pine

나이

1만 500살

위치

타즈마니아 리드 산, 호바트 타즈마니아 왕립 식물원

별명

없음

일반 이름

휴언 파인

학명

라가로스트로보스 프란클리니Lagarostrobos franklinii

로즈버리에서 스트라한으로 차를 몰고 오는 내내 화가 났다. 그리고 스트라한의 기념품 가게에서 씩씩거리며 휴언 파인 나무로 만든 공예품을 2달러어치 샀다. 옷장용 목재로 향나무를 많이 찾듯이 향이 좋은 휴언 파인 나무는 목공예용으로 수요가 많다. 타즈마니아 공원 관리부의 복장 터지는 관료주의를 뚫느라 6개월간 씨름한 끝에 가이드를 동반해서 휴언 파인이 있는 곳에 가는 방향으로 진척이 되어 '조금씩 헤치고 나아가고 있다'고 여겼다. 하지만 어쩐지 일이 너무 술술 풀린다 싶었다.

나무를 보러 가는데 왜 가이드를 동반했냐고? 이번에도 나는 평소처럼 과학자들에게 직접 문의하며 사전 취재를 했고, 그들은 기꺼이 나를 로마티아와 휴언 파인이 있는 곳에 데려가주기로 했다. 자신들이 받은 연구 목적의 접근 허가에 내 이름도 올려준다는 것이었다. 2006년에 이곳 공원의 과학자에게 (앞 장에 나오는) 로마티아와 관련해 연락했을 때만 해도 그가 걱정한 것은 몇 월에 와야 등산하기 가장 좋을지 정도였다. 날씨가 험하고 불안정하기 때문이었다. 하지만 일정이 2011년 말로 연기되었고, 이때 그는 여기에 있지 않았다. 그리고 그의 도움 없이 나 혼자서는 관료제의 가시덤불을 헤치고 나갈 수가 없었다. 6개월 동안 관료제의 층층 단계를 위아래로 오르내리면서(뉴욕 주의 라몬트-도허티 나이테 연구소까지 되돌아가야 한 적도 있었다) 타즈마니아 당국의 허가를 받으려고 노력했다. 나무를 보호하기 위한 모든 절차와 규정을 지킬 것이라고 보증하며 내 프로젝트를 지지하는 서신도 여러 군데서 받았다. 하지만 불행히도 공원 관리국에서 허가증을 내주는 업무는 한 사람이 맡고 있었다. 즉 나무에 갈 수 있느냐 없느냐는 이 사

휴언 파인 살아 있는 군락 주위에 같은 군락의 죽은 가지가 있다 # 1211-3609 (1만 500살)
타즈마니아 리드 산

람에게 달려 있었는데, 그가 내 요청을 거절했다. 그뿐 아니라 나를 도와주려는 사람들에게 협박까지 했다. 나는 (온건하게 말해서) 어리둥절했다. 타즈마니아에서 말고는 이런 경우를 당한 적이 없었다. 하여튼 그래서 엄청나게 비싼 '가이드'를 고용해서 민간 광산 기업의 부지에 있는 휴언 파인 군락지를 보러 가게 되었다.

휴언 파인 군락지의 연대는 경사면의 한참 아래쪽 호수 바닥에서 채집한 꽃가루로 추정했다. 이 꽃가루는 휴언 파인 군락과 유전적으로 동일하다. (군락지의 휴언 파인 줄기 사이사이에서는 다른 나무 종들도 자라고 있다.) 판도와 마찬가지로 휴언 파인 군락지도 수컷이다. 하지만 개별 줄기가 기껏해야 100년이나 200년밖에 못 사는 판도와 달리 휴언 파인 줄기들은 500년에서 1,000년까지도 살 수 있다. 표준 나이테 측정법으로 나이를 세어본 결과 2,000살이 넘은 줄기도 있었다. 그래서 휴언 파인은 프로젝트의 대상 선정 기준을 이중으로 충족시킨 유일한 생물이 되었다. 무성 번식 군락지가 1만 살이 넘은 동시에 그 안의 개별 줄기가 2,000살이 넘은 것이다. 마이크 피터슨은 타즈마니아 오지의 서로 멀리 떨어진 장소에서 고령 개체를 두 개 더 발견했다. 하몬 나무와 빅 휴언 파인 나무인데, 하몬은 적어도 2,000살이고 빅 휴언 파인은 적어도 3,000살이다. 산을 더 올라가려면 광산 기업의 경비소를 거쳐야 한다. 12월이라 호주에서는 여름이었지만 산의 기온은 쌀쌀했다. 드디어 문이 나왔다. (울타리는 없고, 문만 있었다.) 몇 개 안 되는 열쇠를 가이드가 가지고 있었다. 나중에 호바트에서 한 생물학자가 알려주었는데, 우리가 지나간 널빤지 깔린 길 주위로 같은 군락지의 죽은 휴언 파인 줄기들이 있었다고 한다. 몇 년 전에 화재로 손상되었다는 것이다. 그리고 살아 있는 휴언 파인 군락이 멀리 존슨 호까지 뻗어 있는 것이 보이기는 했지만 가까이 가는 것은 허용되지 않았다. 매우 상심했다.

호바트로 돌아가는 길에 왕립 식물원을 다시 방문했다. 이곳 식물학자들은 리드 산 군락지에서 가져온 나뭇가지를 성공적으로 번식시켰다. 기술적으로 말하면, 이것도 1만 500살 된 동일한 생명체다. 하지만 로마티아 번식 화분처럼 원래의 맥락에서 떨어

휴언 파인

1211-4033 (1만 500살) 태즈마니아 리드 산.

휴언 파인 # 1211-0445 (1만 500살, 번식용 복제 가지) 호바트 타즈마니아 왕립 식물원

져 나와 있었다. 나무 서식지에 접근하게 허가해줬더라도 나는 아무런 해를 끼치지 않았을 것이다. 병원균을 막기 위해 필요한 모든 안전 및 보호 수칙을 다 지켰을 테니 말이다. 하지만 정치, 관료주의, 광산 기업, 벌목 기업 등은 완전히 다른 이야기다.

호주 국립식물원에 따르면 휴언 파인에서 나오는 기름은 상처 소독약, 치통 치료제, 살충제 등을 만드는 데 쓰였다고 한다. 또 잘 썩지 않아서 배를 짓는 데도 사용됐다. 그리고 멸종 위기의 생물로 만든 제품들이 으레 그렇듯이 어떤 소비자들은 이런 가구가 희귀하기 때문에 더 가치 있다고 생각한다. 그래도 휴언 파인 군락지는 여전히 무사하다. 대부분의 휴언 파인은 둘 중 하나인데, 이미 벌목되었거나 그렇지 않으면 보호되고 있다. 인간의 요구와 지구의 장기적인 생존 사이의 균형을 어떻게 맞출 수 있을까? 돌이 많은 스트라한의 해변에서 찬물에 발을 담그고, 남극으로 가기 위해 거쳐야 하는 맥쿼리 섬에 대해 생각했다. 타즈마니아보다 더 오지이고 남극처럼 정주 인구도 없을 것이며, 광활한 먼 바다를 향해 한 세계나 떨어져 있는 곳에 대해서 말이다.

Eucalyptus

뉴사우스웨일스 주

나이
1만 3,000살

위치
호주 뉴사우스웨일스 주

별명
[보호를 위해 편집됨]

일반 이름
유칼립투스

학명
[보호를 위해 편집됨]

웨스턴오스트레일리아 주

나이
6,000살

위치
호주 웨스턴오스트레일리아 주 밀럽

별명
밀럽 말리

일반 이름
유칼립투스

학명
에우칼립투스 필라키스Eucalyptus phylacis

유칼립투스는 700종이나 있어서 매우 큰 다양성을 보인다. 대부분 호주가 원산이지만 오늘날에는 서리가 없는 곳이면 세계 어디에서든지 찾아볼 수 있다. 어떤 곳에서는 환영받는 새 생물종이고 어떤 곳에서는 골치 아픈 침입종이다. 미술 시간에 색칠을 해놓은 것처럼 다양한 색상의 겉껍질을 가진 것도 있고, 호주 전통악기 디제리두를 만드는 데 쓰이는 것도, 양질의 종이를 만드는 데 쓰이는 것도, 기침 물약을 만드는 데 쓰이는 것도 있다. 물론 유칼립투스 잎은 코알라의 먹이로도 쓰인다. 영양분이 별로 없어서 코알라가 하루에 20시간씩 잠을 자기는 하지만 말이다. 하지만 내가 촬영할 유칼립투스는 코알라에게 그리 인기가 없을 것이다. 내가 찾는 유칼립투스는 '말리'라고 불리는데 하나의 뿌리 시스템에서 (하나의 몸통이 나오는 게 아니라) 여러 개의 줄기가 나오는 형태를 의미한다. 말리 형태의 유칼립투스는 겉모습이 관목처럼 보인다. 코알라는 더 견고한 형태를 가진 유칼립투스를 좋아하는데 인간의 개발로 서식지가 파괴되면서 점점 희귀해지고 있다. 그리고 유칼립투스가 희귀해지면서 일부 지역에서는 코알라 역시 위험에 처해 있다.

내가 처음 찾아간 유칼립투스는 위험에 처한 정도를 넘어 심각하게 멸종 위기였다. 뉴사우스웨일스 주에 있는 1만 3,000년 된 말리 나무를 보기 위해 허가를 받기까지 수많은 과정을 거쳐야 했다. 이 나무의 존재를 언급하는 몇몇 자료는 발견했지만 정확한 위치는 꽁꽁 감춰져 있었다. 극히 희귀한 종이라서 보호해야 했기 때문이기도 하고 민간 광산 기업의 토지에 있기 때문이기도 했다. 변호사 한 명과 호주에서 영향력이 있는 어느 인사의 도움으로 접근 허가를 받았는데, 뉴사우스웨일스 주에 있다는 것을 제외하고는

희귀한 유칼립투스 (학명은 보호를 위해 편집됨)

1211-2233 (1만 3,000살) 호주 뉴사우스웨일스 주

▲ **희귀한 유칼립투스** # 1211-2105 (1만 3,000살) 호주 뉴사우스웨일스 주

▼ **희귀한 유칼립투스, 원래의 군락에서 분리된 나무들** # 1211-1714 (1만 3,000살) 호주 뉴사우스웨일스 주

위치 정보나 그 종의 이름에 대한 정보를 공개하지 않아야 한다는 조건이 붙었다. 이 종에는 5개의 개체가 살아 있는 것으로 알려져 있는데 그중 2개는 무성 번식한 복제 개체일 가능성이 커서 사실은 4개의 개체가 생존해 있는 셈이다. 이 종은 1985년에 지역 주민이 처음 발견했다. 특이하게 생긴 작은 잎들을 보고 범상치 않다는 것을 알아차렸다고 한다. 캘리포니아 주 리버사이드에서 파머 참나무를 발견한 미치 프로반스처럼 말이다. 우연히도 두 나무 모두 1만 3,000살이다.

존 브리그스와 함께 그 나무를 보러 가기 위해 차를 몰고 나섰다. 구름이 짙게 끼어 있었다. 존은 이 나무의 핵심 연구원 중 한 명이며 나무의 보존을 위해 일하는 복원 및 회복팀 일원이기도 하다. 광산 활동이 벌어지는 곳에서 나무를 보호하기 위해 나무 주위에 밝은 오렌지색 울타리와 낮은 천막들이 쳐져 있었다. 75개 이상의 줄기로 구성된 중심부는 높이가 5미터 정도밖에 안 되어 보였다. 하지만 뿌리 시스템은 땅 위에 보이는 것으로 가늠할 수 있는 것보다 훨씬 클 것이다. 40미터쯤 떨어진 곳에 더 작지만(2미터 정도) 유전적으로 동일한 나무가 산다. 브리그스는 이 두 나무가 정말로 동일한 생명체라는 것을 확인해줄 유전자 테스트와 방사성 탄소 연대 측정의 결과가 나오기를 몇 년째 기다리는 중이다. 하지만 성장률과 거리 분석을 통해 미리 추측해보건대, 이 둘은 실제로 무성 번식으로 생장했으며 적어도 1만 3,000살은 된 것으로 보인다. 아네모네 같은 흰 꽃이 12월 말에 벌써 피기 시작하고 있었다. 연구에 따르면, 이 종은 씨앗이 잘 맺히지 않으며, 맺힌다 해도 난포가 없어서 수분이 되지 않는다. 그뿐 아니라 새로운 싹이

틀 때 '새싹을 틔우고 키우는 힘이 너무 약해서, 교배 이후에 자기 자신에게 치명적으로 작용하는 시스템이 작동하는 것이 아닌가 한다'라고 1988년 이 종을 처음으로 묘사한 마이클 크리스프가 표현했다. 다른 말로 하면, 무성 번식을 하면서 말리 형태를 취하며 자라는 것이 이 종이 실질적으로 생존할 수 있는 유일한 방법이다.

우리는 그 숲에 조금 머물다가 광산의 현장 감독과 함께 옆의 탄광 지역으로 걸어갔다. 현장 감독은 우리의 방문이 반가운 것 같았다. 브리그스가 캔버라까지 차로 나를 데려다주었을 무렵에는 (캔버라에서 시드니로 가는 버스를 타야 했다) 비가 왔다. 차를 타고 가는 동안 우리는 이야기를 더 나누었는데, 유전자 테스트 결과를 몇 년이고 기다리게 만드는 관료주의적 장애물에 대해 말하는 그의 목소리에서 깊은 좌절이 느껴졌다. 또 호주의 심각한 환경 문제 중 하나인 외래종 동물에 대해서도 이야기했다. 고양이, 낙타, 줄기두꺼비 등이 현지 생태계에 피해를 입히고 있다는 것이다. 고양이 이야기를 하니 전에 로브 프라이스에게 들었던 이야기가 생각났다. '스티븐의 섬굴뚝새'라고 불리는 날지 못하는 작은 새가 그 섬 등대지기가 데려온 고양이 때문에 멸종 위기에 처했다는 이야기였다. 공교롭게도 그 등대지기는 이 굴뚝새 종을 처음 발견한 사람이었다.

그날 저녁, 나는 로브 토드와 샌드라 돔로우의 집으로 돌아왔다. 수만 킬로미터를 이동하며 수없이 많은 경로를 다녀야 하는 여정의 한복판에서 잠시나마 돌아올 수 있는 '집 떠난 곳에서의 나의 집'이었다. 그리고 다음 날 비행기를 타고 퍼스로 갔는데, 여기에서는 로브의 남동생인 데이브의 집에서 묵을 수 있었다. 내 집에서 그렇게 멀리 떨어진 곳에서 누군가의 집에 초대를 받는다는 것은 정말 기쁜 일이다.

•

두 번째로 방문한 유칼립투스는 '밀럽 말리'인데, 원래의 취재 계획에는 포함되어 있지 않았다. 밀럽 말리에 대해서는 퍼스에 있는 킹스파크 식물원에서 보호생물학자로 일하는 킹슬리 딕슨에게 처음 들었다. 딕슨에게 스트로마톨라이트에 접근 허가를 받는 법을 상의하던 중이었는데 그가 밀럽 말리에 대해서도 이야기해준 것이다. 나는 되도록이면 취재를 나서기 전에 필요한 사전 조사를 다 해두려고 하는 편이지만, 어떤 것을 취재하는 와중에 다른 것에 대해 알게 되는 일은 꽤 자주 일어난다. 다행히 퍼스에서 당일로 다녀올 수 있는 곳이라 하루를 쉬기보다는 촬영을 하러 가기로 했다. 게다가 데이브 토드가 집 근처 해변에서 얼마 전에 상어한테 물려 죽은 사람이 있었다는 이야기를 해주었기 때문에 어차피 해수욕을 하며 하루를 쉴 마음이 내키지도 않았다.

1992년에 호주 동부의 식물학자 두 명이 발견한 6,660살짜리 밀럽 말리는 뉴사우스웨일스 주에 있는 사촌보다 험난한 세월을 겪었다. (접근하기는 더 쉬웠다.) 도로가 나면서 두 동강이 났고, 인도양을 잘 볼 수 있는 경관 관광을 활성화시키기 위해 주차장을 지을 때 거의 완전히 파괴될 뻔했다. 아슬아슬하게 발견돼 구조되긴 했지만, 그다음에는 나무의 일부분이 화재로 손상됐다. 하지만 말

밀럽 말리 유칼립투스

1211-0701 (6,000살) 호주 웨스턴오스트레일리아 주 밀럽

밀럽 말리와 인도양 # 1211-0791 (6,000살) 호주 웨스턴오스트레일리아 주 밀럽

리의 독특한 생장 습성 덕분에(리그노투버라는 독특한 지하부가 맹아를 보호하고 있다가 화재 뒤에 싹을 틔운다) 다시 살아날 수 있었다. 사실 어떤 유칼립투스는 처음에는 하나의 몸통을 생장시키는 방식으로 시작했다가 화재가 잦은 환경을 거치면서 말리의 형태로 성장 전략을 바꾸기도 한다.

퍼스에 도착하자마자 식물원에 있는 딕슨의 연구실로 갔다. 그는 연구 목적으로 배양하는 유칼립투스 복제 줄기들을 몇 개 보여주었다. 밀럽 말리 복제 줄기들은 잘 자라고 있었고 꽃도 피우고 있었지만 아직 씨앗은 많이 생산하지 못하고 있었다. 딕슨은 최근에 강우 패턴이 달라지면서 비가 많던 겨울에 가뭄이 길어졌고 그에 따라 식물이 견뎌야 하는 가뭄의 부담도 커졌다고 했다. 또 건조하던 여름에는 습도가 높아져서 '줄기마름병을 일으킬 수 있는 병충해가 발생해 전체 군락을 위험에 처하게 할 수도 있다'고 우려했다. 도로 건설, 주차장 건설, 화재 등을 모두 견디고 살아남은 밀럽 말리가 기후 변화는 못 견딜지도 모른다는 말이었다.

딕슨은 잎이 많은 가지 하나를 잘라서 내게 주었다. 다음 날 아침, 남쪽으로 차를 몇 시간 몰아 해가 사정없이 내리쬐는 한낮에 밀럽 말리가 있는 해변 마을에 도착했다. 내가 가려는 곳의 지명이 쓰인 도로 표지판을 따라 들어가서, 나무를 보호하기 위해 위치가 옮겨진 주차장에 차를 세웠다. 그리고 나무를 보았다. 딕슨이 준 나뭇가지에 붙어 있는 잎과 내가 보고 있는 나무에 달린 잎의 구조를 비교해보고 원래의 나무를 찾아냈음을 확인할 수 있었다.

029 스트로마톨라이트

Stromatolites

나이

2,000~3,000살

위치

호주 웨스턴오스트레일리아 주 카블라 스테이션

별명

없음

일반 이름

스트로마톨라이트

학명

없음(남조류일 가능성이 큼)

40억 년 전의 지구를 본다면 우리는 그게 지구인지 알아볼 수 없을 것이다. 그때의 지구에는 대륙도 없었고 산소도 거의 없었다. 생명체가 언제 처음 출현했는지, 또 무엇이었는지에 대해서는 정확하게 알려져 있지 않다. 우리는 우리 행성에서 생명이 어떻게 시작했는지에 대해 아는 것이 너무 적다. 아마 우리 행성에서 발생한 생명의 시작보다 다른 행성의 표면에 대해 아는 것이 더 많을 것이다. 하지만 적어도 하나는 알고 있는데, 35억 년 전에 스트로마톨라이트가 나타나서 지구의 대기에 산소를 채우는 막중한 과업을 시작했다는 사실이다. 지구에 첫 다세포 생물이 나타나기까지는 그로부터 30억 년이 더 지나야 했다.

스트로마톨라이트는 생물 분류상의 많은 원칙에 어긋난다. 스트로마톨라이트는 생물학적 물질로도, 지질학적 물질로도 여겨질 수 있는데, 생물인 남조류(어떤 경우에는 박테리아 비슷한 고세균)가 무생물인 침전물과 결합한 형태이기 때문이다. 현재 볼 수 있는 스트로마톨라이트 군락의 모양이 어떻게 형성되었는지에 대해서는 여러 이론이 존재한다. 어떤 학자들은 스트로마톨라이트들이 점차 자라면서 버섯 같은 구조를 형성했다고 보는 반면, 어떤 학자들은 커다란 미생물 매트를 형성하고 있던 스트로마톨라이트 군락이 세월에 침식되고 깎여서 버섯 같은 구조가 되었다고 본다. 어느 쪽이든 스트로마톨라이트는 햇빛을 받아 광합성을 하고 그 결과로 산소를 내놓는다. 스트로마톨라이트 화석은 지구 전역에서 발견된다. 그리고 살아 있는 군락도 벨리즈와 바하마 제도 등에서 발견된다. 하지만 가장 오래되고 건강한 군락지는 웨스턴오스트레일리아 주 카블라 스테이션에 있는 하멜린 풀 북쪽의 염도가

스트로마톨라이트

1211-0512 (2,000~3,000살) 호주 웨스턴오스트레일리아 주 카블라 스테이션

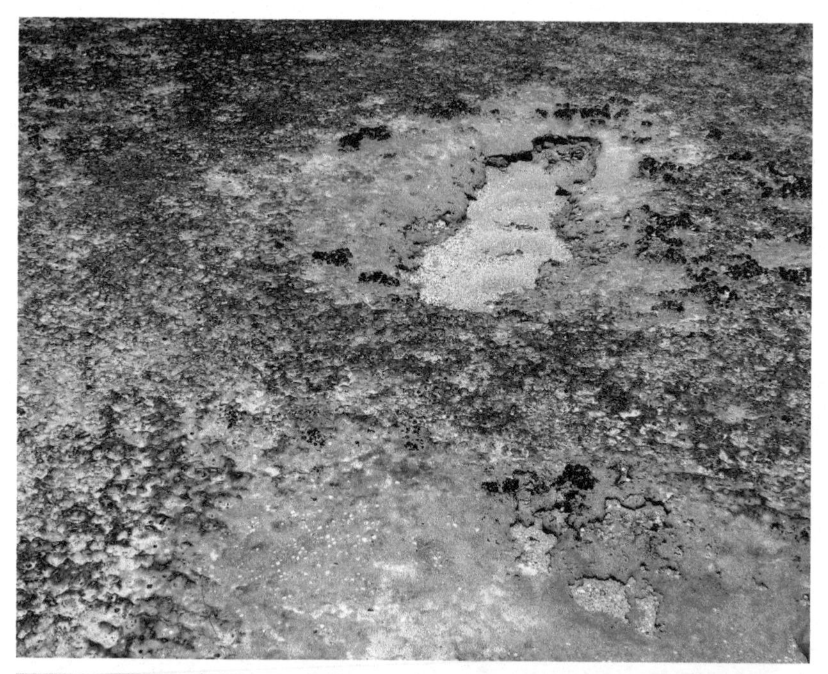

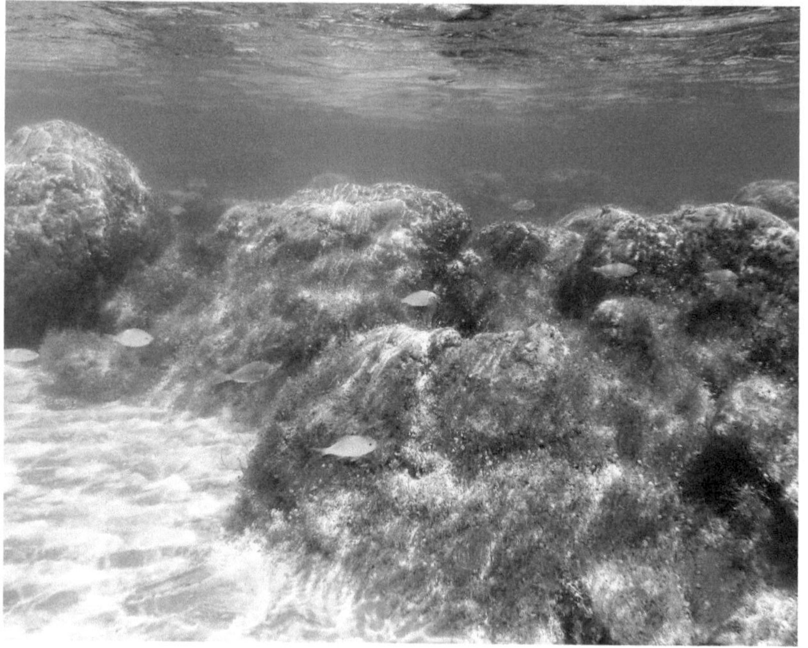

▲ **스트로마톨라이트 미생물 매트** # 1211-0061 (2,000~3,000살) 호주 웨스턴오스트레일리아 주 카블라 스테이션

▼ **수면 아래의 스트로마톨라이트** # 1211-0950 (2,000~3,000살) 호주 웨스턴오스트레일리아 주 카블라 스테이션

매우 높은 만에 있다. 샤크 베이의 스트로마톨라이트가 가장 유명하고 방문객도 가장 많지만, 사실 대부분이 죽은 상태다. 검게 변했기 때문에 대번에 알 수 있다.

800킬로미터가 넘는 길을 가기 위해 퍼스를 출발하기 전, 데이브 토드가 내 작은 렌터카에 엄청난 양의 생수, 자외선 차단 크림, 비상식량을 넣어주어 아웃백에 대한 두려움을 가중시켰다.

길고 뜨거운 도로 여행이었다.

카블라 스테이션의 숙소는 비교적 젊은 부부가 운영했는데, 손님은 나밖에 없었고 업무상 간 것이었는데도 그리 친절하지 않았다. 반면 공원 관리인인 로스 맥은 처음에는 너무 내성적으로 보였지만 이 여행 중 만난 사람들을 통틀어 가장 친절했고 도움을 많이 주었다. (일정이 거의 끝났을 때 그는 자신의 니콘 수중 카메라를 나한테 주겠다고 했다. 예전에 포시도니아 해초를 취재하러 스페인에 갔을 때 가져갔던 것과 같은 모델이었다. 내 것은 고장이 났고 그의 것은 멀쩡하다는 차이가 있었지만. 그는 다음 날 나한테 카메라를 주기 위해 반도의 남쪽 끝에 있는 던햄타운의 환경 보존부 사무실에서 샤크 베이까지 2시간 넘게 운전해왔다.)

맥은 공원 순찰용 트럭을 타고 나를 데리러 왔다. 우리는 흙길을 달려서 어슬렁거리는 염소들을 지나 해변으로 갔다. 스트로마톨라이트가 해변을 따라 양쪽 방향으로 길게 (내가 생각했던 것보다 훨씬 길게) 뻗어 있었고 일부는 바닷물 쪽으로 뻗어서 파도 아

▲ **스트로마톨라이트** # 1211-0518 (2,000~3,000살) 호주 웨스턴오스트레일리아 주 카블라 스테이션

▼ **죽은 스트로마톨라이트 사이에 난 바퀴자국** # 1211-0235 호주 웨스턴오스트레일리아 주 샤크 베이

래로 서서히 사라지고 있었다.

기온은 44도로 올라갔다. 사진 찍기에 좋은 날은 아니었다. 나는 물속에 있는 스트로마톨라이트 사이에서 스노클링을 할 수 있는 허가가 있었지만 잠수 허가는 가지고 있지 않았다. 그 허가를 받으려면 또 층층이 공식적인 절차를 밟아야 했던 것이다. 물의 염도가 너무 높아서 내 몸무게를 더해줄 잠수 벨트 없이 수면 아래에서 오랜 시간 버티는 것은 거의 불가능했다. 나는 부력을 줄이기 위해 구명복을 벗었다. 약간은 나아졌지만 여전히 사진을 찍기에 충분한 시간 동안 물속에 있기 어려웠다. 나는 맥이 가장 좋은 앵글이 나올 것이라고 알려준 곳으로 헤엄쳐 갔다. 정말로 수면 위에서 본 것보다 훨씬 큰, 바위 같은 형태의 스트로마톨라이트가 있었다. 어떤 것들은 수중 생물로 덮여 있었다. 아주 잠깐 동안 나는 지구에 대륙이 존재하지 않고 아주 원시적인 생명체만 존재하던 시기를 보았다. 반쯤은 물속에, 반쯤은 물 위에서 내리쬐는 강한 햇빛을 쐬는 해변의 스트로마톨라이트를 보니, 진화를 원하고 또 진화를 기다리는 지구 최초의 생명체들과 연결되는 느낌이었다.

해변의 우락부락한 식물군 사이를 뚫고 내륙 쪽으로 조금 더 들어가니 운석이 떨어져 파인 구멍이 있었다. 뜨거운 열기 속에서 미생물 매트에 서 있자니, 광대한 우주에서 날아온 미생물 침입자에 의해 바로 이곳에서 지구 최초의 생명이 시작됐다고 믿을 수도 있을 것 같았다.

남극

엘리펀트 섬으로 향해 가는 중

0212-0557 남극

Moss

엘리펀트 섬

나이

5,500살

위치

엘리펀트 섬

별명

없음

일반 이름

남극 이끼

학명

코리소돈티움 아키필룸

Chorisodontium aciphyllum

사우스조지아 섬

나이

2,200살

위치

사우스조지아 섬

별명

없음

일반 이름

남극 이끼

학명

폴리트리쿰-코리소돈티움

Polytrichum-Chorisodontium

난생처음 바다에서 밤을 보내는 경험을 지구상에서 가장 험한 바다인 드레이크 해협에서 하게 되었다. 나는 5,500살 된 이끼를 찾아가는 중이었다. 남극으로.

한 친구의 여행 가이드한테 남극에 사는 고령의 이끼 이야기를 들은 뒤에 그와 관련된 연구 논문을 발견하기까지 2년 정도가 걸렸다. 그리고 드디어 엘리펀트 섬에 있는 이끼의 연령과 위치를 확인한 스반테 비요르크와 크리스티안 효르트의 1987년 논문을 찾아냈다. 남극 반도 동쪽에 있는 엘리펀트 섬의 이름은 코끼리에서 나온 것이 아니라 코끼리바다물범에서 나온 것이다. 나는 스웨덴 룬드 대학에 있는 비요르크와 효르트를 찾아내서 온갖 질문을 던졌다.

이 오랜 생명체의 연구자일 뿐 아니라 최초 발견자이기도 한 과학자들과 만나는 것은 너무나 신나는 일이었다. 그들은 일상에서는 잊기 쉬운 사실을 떠올려주었다. 우리가 아직 모르는 것이 너무나 많고, 해야 할 일도 너무나 많으며, 무언가를 발견하는 것은 굉장히 흥분되는 일이라는 사실 말이다. 그들이 처음 발견하고 나서 25년간 그 이끼를 직접 본 사람은 아무도 없었다. 그러니까, 그들 다음으로는 내가 첫 방문자였던 것이다.

엘리펀트 섬은 표류한 섀클턴의 남극 탐험대가 구조되기까지 오랜 시간을 버텨야 했던 험난한 땅으로 유명하다. 1914년 '남극 탐험의 영웅적인 시대'의 마지막 항해에서 섀클턴과 27명의 탐험대는 최초의 남극 횡단을 시도했다. 남극 횡단은 성공하지 못했지만 이들의 영웅적인 생존 이야기는 '인듀어런스 원정(인내의 원정)'이라는 이름만으로는 다 설명할 수 없는 위대함을 말해준다. 이들의 배가 웨델 해에서 부빙에 갇혀 파손되자 섀클턴과 27명의 대원들은 배에서 탈출해 부빙 위에 텐트를 치고 몇 개월을 버텼다. 그리고 난파된 배의 잔해와 구명보트로 배를 만들어 엘리펀트 섬으로 이동했다. 식량이 점점 줄다가 다 없어졌을 때 그들을 가장 괴롭힌 것은 담배였다. 너무나 심각해서 토종 지의류까지 피우려고 시도했을 정도다. 그리 만족스런 맛은 아니었지만 말이다. 고령의 남극 이끼가 그들의 캠프 반대쪽에 있었기에 망정이지 안 그랬으면 그들이 남극 이끼도 피워버렸을지 모른다.

남극은 광대하다. 여기에서 짙은 색의 작은 생명체를 찾는다는 것은, 아니 그건 고사하고 무엇이라도 찾는다는 것은 아주 운이 좋아야 가능한 일이다. 비요르크와 효르트가 현장 연구를 했을 때는 GPS도 존재하지 않던 시절이었다. 당시에 그들은 헬리콥터를 타고 와서 근방 어딘가에 내렸기 때문에 가장 가까운 만을 알려주는 것 이외에 더 정확하게 길을 알려주지는 못했다. 나는 미 항공우주국, 영국 남극연구소, 구글 등에 도움을 요청했다. 결국 나를 미네소타 대학의 극지질공간학 센터로 연결해준 것은 구글 어스였다. 극지질공간학 센터 연구원들은 아주 정교한 원격 영상 기술을 활용해서 연구를 하고 있었다.

요즘에는 지구에서 남극에 가는 것보다 우주에서 남극에 가는 것이 더 쉽다. 하지만 그렇다고 포기할 수는 없었다.

남서부 해안에 자라는 이끼 # 0312-08B35 남극 엘리펀트 섬

•

먼 바다에 폭풍이 치나 싶더니 금세 우리 배 위로 폭풍이 몰려왔다. 창밖에 눈이 흩날리나 했더니 얼음 조각이 섞인 회색 파도가 배를 때렸다. 리듬을 타며 앞뒤 좌우로 흔들리던 배가 이제 예측할 수 없는 방향으로 흔들렸다. 정신력으로 극복해보려고 했지만, 바다에서 보내는 첫날 아침 내내 구토를 하느라 허리를 펴지 못했다. 그날은 온종일 메클리진을 먹고 약에 취해 잠만 잤다. 다행히 몸은 금방 나아졌다. 밤에 항해하는 배들이 그렇듯이 우리도 외해로 나

갔다. 마법 같은 일이 벌어지기 시작했다. 우리가 남극 바다에 있는 것이다!

멀리 내다보는 선장님은 이미 전날에 어둡고 먼 곳에 있는 첫 번째 빙하를 보았다고 했다. 하지만 셋째 날 아침에 밝을 때 보니 1, 2개가 아니었다. 어떤 것은 꽤 커서 푸른 하늘을 반사하고 있었고 어떤 것은 내버려둔 위스키 잔에 떠다니는 얼음덩이 같아 보였다. 드문드문 땅이 보였다. 산의 모습과 눈 덮인 땅의 모습도 보였고, 어데일리 펭귄, 젠투 펭귄, 가마우지, 게먹이물범, 폭풍조롱이, 도둑갈매기, 알바트로스 등 동물들도 본격적으로 보이기 시작했다. 바다표범 한 마리가 점심으로 어데일리 펭귄을 잡아먹으려 하고 있었다. 고양이처럼 펭귄을 패대기쳤는데 고양이와 달리 놀이로 그러는 것은 아니고 펭귄 속이 드러나게 해서 안쪽의 부드러운 부분을 먹으려는 것이었다.

우리의 첫 기착지는 쿠버빌 섬이었다. 남극 대륙에 아주 가까운 섬으로, 이끼와 오렌지색 지의류가 해변의 가파른 경사면에 흩뿌려져 있었다. 펭귄 군락지의 구아노가 영양분을 공급해준 덕분에 얼음이 덮이지 않은 암석의 돌출부에는 선태류가 자신의 영역을 확보하고 있었다.

우리는 조금 더 남쪽으로 가서 네코 항에 닻을 내렸다. 나는 조디악 고무보트로 옮겨 탔다. 2마리의 혹등고래가 수면 위로 머리와 꼬리를 내밀면서 나를 맞아주다가 호기심을 다 채웠는지 곧 깊은 바다로 들어가버렸다. 그리고 우리는 모래사장이 약간 있는

남극 이끼 # 0212-7A12 (5,500살) 남극 엘리펀트 섬

해변에 내렸다. 찬 물속에서 부츠가 찰방거렸다.

나는 이 장소의 장엄함에 거의 몸이 굳어버렸다. 깊은 시간 속에 응결되어 있는 것 같으면서도 독특한 방식으로 적응해온 생명들로 꿈틀거리는 땅이었다.

나는 내가 방문하는 마지막 대륙에 첫 발을 디뎠다.

•

엘리펀트 섬에 도착했을 때는 밤이었다. 나는 자명종이 울리기 전에 일어나 선장과 함께 함교에 서서 1987년 연구자들이 찍은 사진과 해안선의 형태를 맞춰보았다. 그러다가 사진 속의 아래쪽 경사면의 방향이 잘못돼 있다는 것을 발견했다. 스캔을 뒷면에서 뜬 것이었다. 그뿐 아니라 논문에는 뒤쪽에 보이는 땅이 클라렌스 섬이라고 되어 있었는데 사실은 콘월리스 섬이었다. 이런 실수는 어딜 가나 똑같아 보이는 이 광대한 대륙에서 GPS도 없던 시절에 정확성을 기하는 것이 얼마나 어려운 일이었는지를 보여준다. 정확한 위치를 파악하는 것은 정말 너무 어려워서 1980년대 초에 발견된 어느 남극 이끼는 이미 역사 속으로 사라졌다. 그때 딱 한 번 발견된 이후로는 한 번도 다시 발견되지 않은 것이다.

첫 번째 기착지는 서쪽 끝에 있는 포인트 룩아웃이었다. 나는 열정에 불타서 사람들과 함께 해안으로 갔다. 배에서 엘리펀트 섬에 내릴 흔치 않은 기회를 놓치지 않을 작정이었다. 내 야망의 장소는 15킬로미터 정도 더 동쪽으로 가야 했지만 말이다. 배에서 내리려면 아주 많은 요소들이 맞아떨어져야 한다. 맑은 하늘만으로는 충분하지 않다. 하루에도 날씨는 수시로 바뀐다. 한쪽 해변에서는 낌새 정도만 보이던 현상이 다른 해변에서 본격적으로 벌어지기도 한다.

바위가 많은 해변에 내린 나는 일행과 떨어져서 이끼를 보러 얼음이 덮여 있는 경사면을 기어 올라갔다. 멀리서 보았을 때는 도무지 생명체가 살 법해 보이지 않았지만, 가까이서 보니 녹색 이끼가 무성했다. 그동안 나머지 일행은 배의 위치를 아래쪽 해변에서 다른 곳으로 옮겼다. 그래서 나는 펭귄들, 그리고 그보다 덜 너그러운 물개와 코끼리바다물범들 사이를 걸어서 지나가야 했다. 어떤 것은 너무 커서 진짜처럼 보이지가 않았다. 뭉툭하고 박테리아가 득시글거릴 이빨을 드러내 보이면서 불평을 표하는 녀석들 옆을 지나가자니 심장이 쿵덕거렸다. 미식축구 선수 2명이 침낭 하나에서 어설프게 움직이는 것 같은 볼품없는 형태를 한 물개와 바다물범은 나 같은 사람 하나쯤은 쉽게 깔아뭉갤 수 있을 것이다.

저편에서 한 과학자가 나에게 커다란 오케이 신호를 보내주었다.

안전하게 배에 돌아온 나는 곧바로 함교로 올라갔다. 아무도 방문하지 않았던 25년 세월을 극복하기 위해 나는 1987년의 연구 논문 이외에도 첨단 장비와 최신 자료들을 챙겨왔다. 극지질공간학 센터의 폴 모린이 도와준 덕분에 고화질 해양 지도와 엘리펀트 섬의 위성사진을 확보해 내 노트북에 띄워놓을 수 있었다. 우리는 워커 포인트에 다가갔다.

선장은 쌍안경을 집어들고 눈을 우현 쪽으로 고정시키더니 내게 쌍안경을 건네주었다. 하늘은 맑아지고 있었고, 그것이 없었다면 얼음산이었을 곳에 부드러운 초록빛 이끼가 보였다. 찾았다!

나는 뒷문으로 뛰어 내려갔다. 이 탐험대를 이끄는 과학자이자 전설적인 탐험가 피터 힐러리가 최대한 빠르게 배에서 내리기 위해 장비를 착용하고 있었다. 내려서 사진을 찍을 시간이 너무나

남극 이끼 # 0212-7B33 (5,500살) 남극 엘리펀트 섬

촉박했다. 우리는 배 옆쪽에 외줄그네처럼 보이는 것에 매달려 있는 조디악 고무보트에 올라탔고 조디악은 파도 아래로 서서히 내려갔다.

우리는 해변 쪽으로 속도를 냈다. 파도가 거셌다. 나는 겁에 질려서 장갑도 안 낀 손으로 두꺼운 밧줄을 꽉 잡았는데 나중에는 밧줄에 쓸려서 손에 피가 났다. 다른 손으로는 파카 주머니 안에 있는 카메라를 움켜잡고 있었다. 배가 파도에 들려 올라가서 완전히 공중에 떠 있는 순간도 있었다. 길게만 느껴지던 그런 순간이면 물에 다시 떨어질 때 받게 될 충격을 각오하면서 마음을 다잡아야 했다. 2008년 그린란드에 갔을 때, 덴마크 고고학자 마틴 아펠트는 배가 피오르를 기우뚱거리며 가로지르는 동안 몸에 힘을 빼야 한다고 알려줬다. 바다와 힘 싸움을 해서는 절대 이길 수 없다.

해변에 닿자, 에베레스트에 여러 번 올랐고 남극점 탐험도 성공했으며 닐 암스트롱이 북극점에 갈 때 신뢰할 만한 안내인 역할도 했던 힐러리가, 방수 가방에서 카메라 꺼내는 걸 도와주며 내 사진 조수 역할을 해주었다. 우리는 미끄러운 바위를 급히 올라 사진 찍기 좋은 장소를 찾으러 돌아다니면서 야생 동물들을 놀라게 했다. 200미터쯤 떨어진 곳의 높은 절벽에 이끼가 있었다. 하지만 서둘러 배로 돌아가야 할 시간이었다.

나는 셔터를 누르고 필름을 돌렸다.

▲ **허큘리스 베이에 있는 메두사 해초** 사우스조지아 섬

▼ **남극 이끼와 고래 뼈** # 0312-0014 (2,200살) 사우스조지아 섬 카닌 포인트

▲ **남극 이끼** # 0312-14A05 (2,200살) 사우스조지아 섬 카닌 포인트

▼ **포경 기지가 있던 터** # 0312-16B33 사우스조지아 섬 그리트비켄

100년 전쯤, 5명의 남성이 1,600킬로미터 떨어진 사우스조지아 섬의 포경 기지에 구조를 요청하기 위해 6.7미터 길이의 작은 배를 타고 엘리펀트 섬을 출발했다. 목적은 달랐지만 나도 같은 경로로 사우스조지아 섬으로 가는 길이었다. 나는 안전하고 편안한 내셔널지오그래픽 호를 타고 창밖을 내다보았다. 배는 엘리펀트 섬의 동쪽을 돌아 섀클턴과 대원들이 부빙에서 버티다가 상륙해 자그마한 안식처로 삼았던 만을 지나갔다. 나는 그들이 머물렀던 장소를 마음으로 그려보았다. 하지만 그날 아침 카메라를 가지고 씨름한 터라 지쳐 있었다.

이틀 뒤, 우리는 사우스조지아 섬에 있었다. 동물, 식물, 지질학의 천국이라 할 만했다. 땅 위에 세계 자체가 펼쳐져 있는 것 같았다. 그리고 이곳은 섀클턴 이야기에서 마지막 장의 무대가 되는 곳이기도 했다. 엘리펀트 섬을 출발한 5명이 처음 닿은 사우스조지아 섬의 해변, 그리고 불가능한 '인듀어런스(인내)'의 여정을 문명의 전초기지에 다시 연결하기 위해 그들이 가로질러 지나간 길, 그리고 그렇게 해서 그들이 닿은 문명의 전초기지인 스트롬니스베이의 포경 기지…….섀클턴과 대원들은 천신만고 끝에 사우스조지아 섬에 닿았지만 포경 기지 반대편이었다. 이들은 섬을 가로질러 포경 기지에 무사히 도착했고 다시 엘리펀트 섬으로 나머지 대원들을 구조하러 갔다.-옮긴이

배가 항구 안쪽으로 아주 깊이 들어와서 우리는 해변에 닿아 있는 것이나 마찬가지였다. 구름이 있고 눈도 약간 내렸지만 날씨는 고요한 편이었다. 나는 해양포유류 학자인 스테파니 마틴과 함께 조디악 고무보트에 뛰어올랐다. 그리고 우리는 예전의 포경 기

30만 마리의 킹펭귄 # 0312-13A16 사우스조지아 섬 골드하버

지였던 허스빅 기지에 가기 위해 항구로 들어섰다. 지금 내가 찾으려 하는 이끼는 9,000년 된 화석화된 이끼 둑에서 자라는 2,200살 된 이끼였다. 미리 취재를 열심히 한 데다 나탈리 밴 데르 푸텐(이것을 발견한 사람이다)이 준 지도도 있었기 때문에 카닌 포인트의 지형을 가늠해볼 수 있었다.

해변은 바다표범 소리로 매우 시끄러웠다. 마틴은 보디가드 역할을 해주면서 내게 그것들을 멀리 떨어뜨리는 방법에 대해 알려주었다. 첫 번째는 시끄러운 소리를 내는 것이고 두 번째는 조

▲ **섀클턴의 묘로 가는 길** # 0312-16A01 사우스조지아 섬 그리트비켄으로 가는 길

▼ **섀클턴 묘 앞의 코끼리바다표범** # 0312-40150 사우스조지아 섬 그리트비켄

디악 고무보트에서 노를 가져오는 것이다. 노로 바다표범의 머리를 내리치라는 게 아니라 발 쪽을 두들기기만 해도 멀리 도망간다. (이런다고 해서 전혀 물리지 않는다는 말은 아니다.)

나는 잔디가 더부룩한 곳을 가로질러 올라가서 고대의 토탄 언덕을 보았다. 찾아낸 것이다. 사진을 몇 장 찍었다. 이번에는 가까이서 찍을 수 있었다. 고대의 이끼를 둘 다 찾아내다니 믿을 수 없을 정도로 운이 좋다고 느껴졌다. 같은 날 늦은 오후에 장엄하고 언덕진 풍경을 따라 내륙 쪽으로 조금 걸어서 섀클턴의 묘에 갔다. 이 장소가 품고 있는 고대의 원초적인 장엄함에 다시 한 번 온몸이 멎는 것 같았다. 처음으로 지구를 보는 것 같았다.

섀클턴 이야기가 소설이었다면 장애와 고난이 이렇게 많을 수는 없다며 비현실적이라고 평하는 평론가들이 있었을 것이다. 그는 험난한 여정에서 살아 돌아온 지 5년 뒤에 사우스조지아 섬에 다시 왔다. 그리고 남은 인생은 덤으로 주어진 것으로 여긴다는 듯이, 그날 밤 심장마비로 숨졌다. 그는 자신이 지구상 최고령 생명체 중 하나와 엘리펀트 섬에 같이 있었다는 것도 몰랐고 사우스조지아 섬에서 또 다른 고령 생명체의 지척에서 삶을 마감하게 되리라는 것도 몰랐다. 하지만 나는 심원한 시간, 인간을 겸손하게 만드는 자연의 힘, 그리고 자연의 손아귀에서 생명이 처할 수 있는 위태로움을 말해주는 풍경 속 겸손한 이끼들이 보여주는 조용한 인내를 섀클턴이 높이 샀을 것이라고 생각한다.

나는 섀클턴의 묘에 위스키를 따르고 나도 한 잔 마셨다.

생장 전략 찾아보기

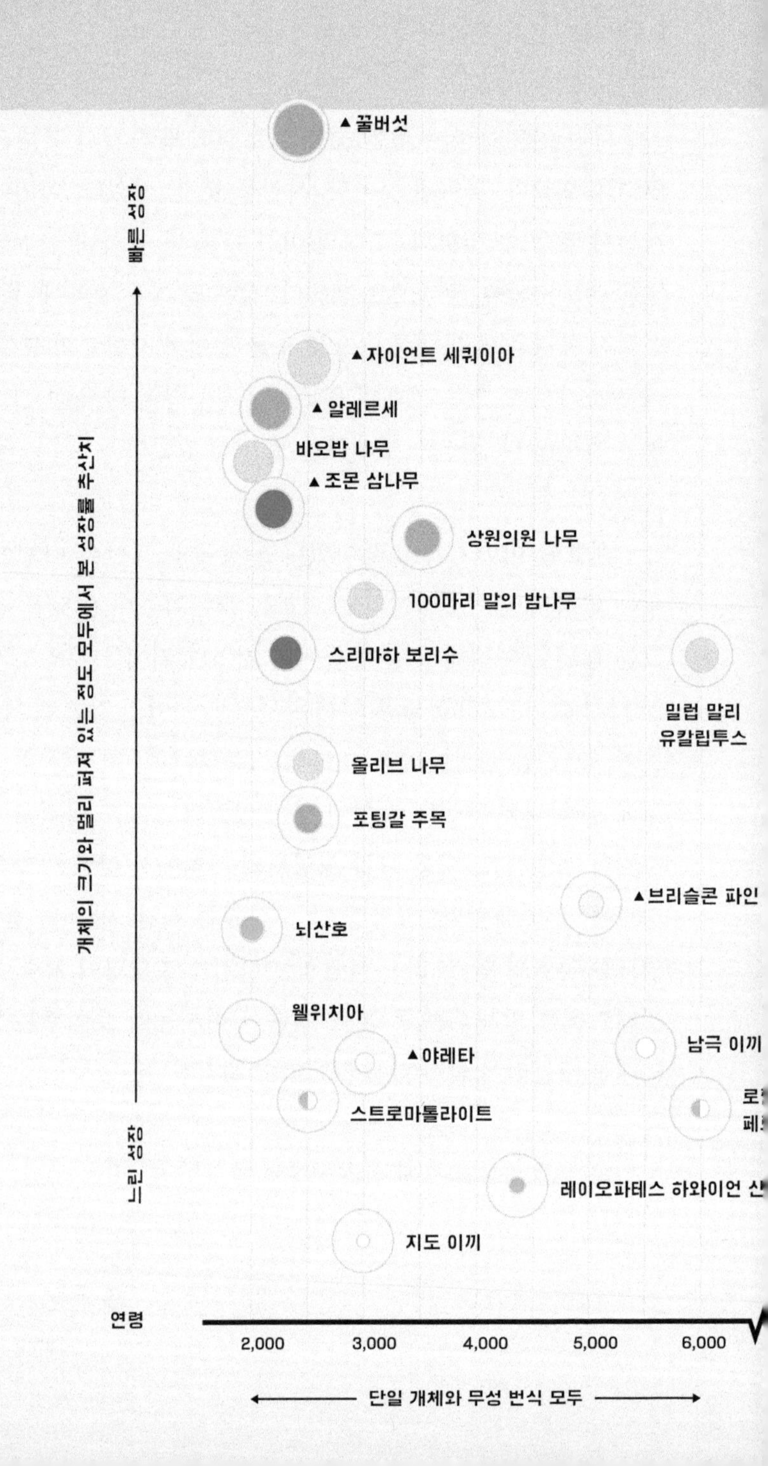

▲꿀버섯
빠른 성장
▲자이언트 세쿼이아
▲알레르세
바오밥 나무
▲조몬 삼나무
개체의 크기와 멀리 퍼져 있는 정도 모두에서 본 성장률 추산치
상원의원 나무
100마리 말의 밤나무
스리마하 보리수
밀럽 말리 유칼립투스
올리브 나무
포팅갈 주목
▲브리슬콘 파인
뇌산호
웰위치아
남극 이끼
▲야레타
스트로마톨라이트
느린 성장
레이오파테스 하와이언 신
지도 이끼
연령
2,000
3,000
4,000
5,000
6,000
단일 개체와 무성 번식 모두

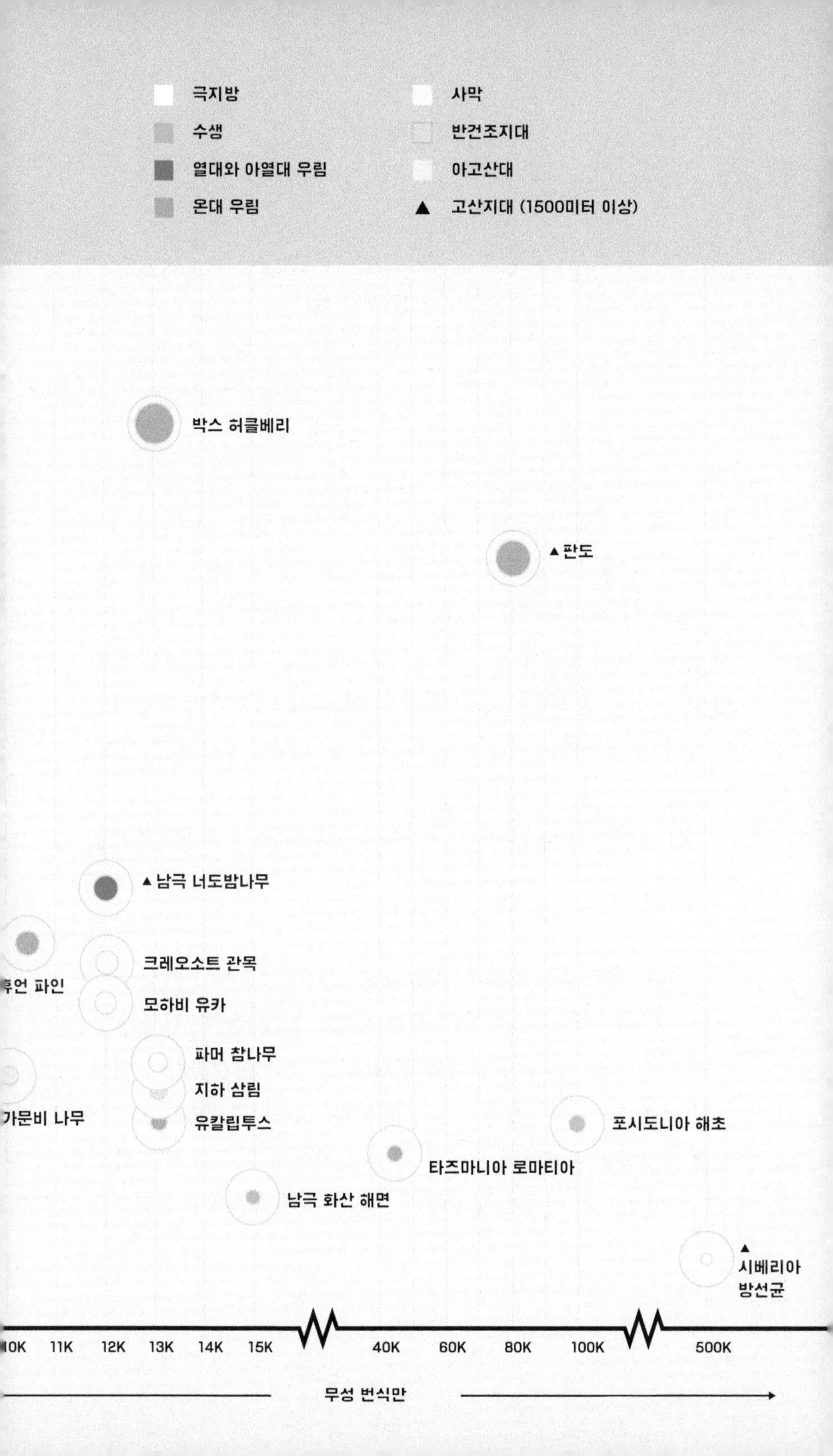

극지방
사막
수생
반건조지대
열대와 아열대 우림
아고산대
온대 우림
▲ 고산지대 (1500미터 이상)

박스 허클베리

▲판도

▲남극 너도밤나무

크레오소트 관목

후언 파인

모하비 유카

파머 참나무

지하 삼림

가문비 나무

유칼립투스

포시도니아 해초

타즈마니아 로마티아

남극 화산 해면

▲ 시베리아 방선균

10K 11K 12K 13K 14K 15K 40K 60K 80K 100K 500K

무성 번식만

아직 가지 않은 길

24~25쪽의 지도에 표시한 곳을 다 가보지 못했고 2,000살 이상 된 종을 다 보지도 못했다. 그것들을 다 알아낼 수 있는 방법도 없다. 프로젝트의 1단계를 마치는 데에 10년이 걸렸다. (1단계의 마지막이 이 책의 출간이다.) 그리고 2단계를 하는 데 남은 인생이 다 걸릴 것이다. 촬영한 생물의 절반이 최근 30년 사이에 발견되었다. 관심을 갖는다면 다음 30년 동안 더 많은 것이 발견될 것이다.

이 지면을 빌어 내가 가보지 못한 곳들에 대해 설명해두기로 한다.

우선, 너무 늦게 알게 된 생물들도 있었다. 1단계의 여정을 마무리하기에는 남극이 논리적으로나 상징적으로나 매우 적절한 장소였기 때문에, 남극 취재 이후에 알게 된 것들은 시간이나 예산 제약 때문에 이 책에 포함시킬 수 없었다. 그래서 4,000살이 넘은 중국 리지아완의 거대 은행나무, 그리고 지난 주 처음 들어본 아르메니아의 트니리 치나르 플라타너스 나무 등이 포함되지 못했다.

안전 문제로 가보지 못한 생물들도 있다. 4,000살 된 조로아스터 사이프러스 나무를 찾으러 유대인 무신론자인 미국 여자가 혼자서 이란에 가는 것은 안전하지 못할 것 같았다. 이란 행을 포기하는 결정을 내리는 데 두 가지를 고려했다. 하나는 이 프로젝트에 사이프러스 나무가 이미 포함돼 있다는 점이었고, 다른 하나는 취재를 가기에 충분할 정도로 현지 문화, 사회, 정치에 대한 감각을 익히지 못했다는 점이었다. 이란의 불안정한 상황을 생각하면 더욱 그랬다. 가지 않기로 한 데는 어느 누구의 기분도 상하게 하려는 의도는 없었다. 특히 이란 방문을 격려해준 이란 친구들에게 모욕을 줄 의도는 전혀 없었다. 다시 말하지만 이 생물들은 인간 사회를 구분 짓는 것들을 초월하는 지구적 상징들이다. (이와 관련해서 SESAME 프로젝트에 대해 찾아보시기 바란다. 중동 국가들의 과학협동조합인데, 과학이 문화적 간극에 다리를 놓을 수 있음을 보여주는 훌륭하고 희망적인 사례다.)

먼 나라에 도착한 다음에 새로운 생물에 대한 정보를 들었는데 그것까지 일정에 포함시킬 시간이나 예산이 없는 경우가 있었다. 남아프리카공화국 프레토리아에서 브람 반 위크가 무성 번식 알로에에 대해 이야기해주었을 때가 그런 경우였다. 그다음에는 케이프타운에서 어네스트 반 자르스벨드가 이런 상황을 두 번 더 야기했다. 그가 오래된 곤약(영어 이름은 'elephant foot'으로 코끼리의 발이라는 뜻이다. 하지만 박제도 아니고 후피동물도 아니며, 식물의 이름이다)이 이스턴케이프에 있다고 알려주었고, (나미비아에 갔다가 방금 남아공에 도착했고 그날 오후에 아프리카를 떠나야 했는데) 나미비아에 고령의 레드우드 나무가 있다고도 알려준 것이다. 호주에서는 뉴질랜드에 있는 카우리 나무인 테 마투아 은가헤레에 대해 듣게 되었다. 어쩐 일인지 내 목록에 포함되지 않았는데, 이미 빽빽한 10여 개의 일정에 하나를 더할 방법이 없었다. 2013년 초 오클랜드에 있는 친구를 방문하는 김에 카우리 나무도 보려고 시도했지만, 그가 마지막 순간에 마음을 바꾸었고 나는 내 신용카드 잔고를 보고 이 일정을 취소했다.

잠수함이 없어서 못 본 생물들도 있다. 여자에게도 잠수함이 필요할 때가 있다. 안 되면 무인 탐사 장치라도 말이다. 촬영 대상에 포함될 자격이 되는 생물 중 적어도 4개는 심해에 산다. 셋은 산호고 하나는 해면동물인데, 촬영이 가능했더라면 모두 뇌산호와 함께 '동물'로서 이 책에 포함될 수 있었을 것이다. 2,742살 된 제라르디아 산호와 4,265살 레이오파테스(말미잘과 친척인 검은 산호)는 하와이 군도 바깥쪽의 수심 340미터 심해에서 잠수 장비의 힘을 빌려 발견됐다. 노르웨이 인근의 수심 100미터 심해에서는 로펠리아 페르투사 산호가 발견됐다. 동물 중에서 나이가 가장 많은 것은 아마도 1만 5,000살이 된 아녹시칼릭스 주비니 화산 해면일 것이다. 남극의 맥머도에서 발견된 것으로, 정확한 수심은 모른다. 직접 본 사람은 없고, 빙하 아래를 탐험할 수 있는 원격 무인 탐사기를 통해 촬영됐다.

남극까지 가봤으니 이제 우주 말고는 더 이상 갈 데가 없겠다고 생각할지도 모르겠다. 하지만 이는 물론 사실이 아니다. 심해도 가볼 수 있고, 남극에 다시 가볼 수도 있으며, 남극의 심해에 가볼 수도 있지 않겠는가.

긴 시간과 먼 여정에 걸친 프로젝트에서 내게 도움을 준 모든 분들께 진심으로 감사를 전한다. 과학자들, 연구자들, 친구들, 좋은 정보와 아이디어를 알려준 낯선 사람들, 프로젝트 도중에 친구가 된 낯선 사람들, 먼 출장지에서 나를 도와준 친구의 친구의 가족들, 인맥을 동원해 사람들을 연결해주고 알고 있는 정보들을 제공해주면서 "조금씩 헤치고 나아가는" 방법을 알려준 모든 사람들께 감사드린다. 아차, "조금씩 헤치고 나아가는"이라는 표현도 다른 사람에게 들은 것이다. 마라 번, 고마워요.

가족에게 감사를 전한다. 오빠 스콧과 올케 린지는 늘 든든한 의지가 돼주었고 언제나 가장 큰 지원자였던 어머니 셜리는 내가 재정적으로 불안정하던 시기에 안전망이 돼주시기도 했다. 동생 리사와 사라, 그리고 새아버지 아더가 보여준 끊임없는 격려에도 감사를 전한다.

맥도웰 콜로니에 사의를 표한다. 특히 셰릴 영과 데이비드 메이시는 이미 2005년에 내 프로젝트를 신뢰하고 지원해주었으며, 2013년 여름에는 이 책을 집필할 수 있도록 공간을 마련해주기도 했다. 집필 작업을 하기에 그보다 더 좋은 장소는 없었을 것이다.

테드(TED)의 동료들에게도 감사를 전한다. 브루노 지우사니는 내가 테드 강연을 할 수 있게 주선해주었고, 에이미 노보그라츠, 댄 미첼, 켈리 스토첼, 크리스 앤더슨 등 테드 공동체 사람들은 여러 방식으로 나의 지평을 넓혀주고 많은 영감을 주었다. 롱나우 재단의 모든 분들, 특히 처음부터 나를 신뢰해준 케빈 켈리에게도 고마움을 전한다. AOL의 '25 for 25' 연구비 지원 담당자, 페이지 웨스트와 웨스트 컬렉션, 데이비드 드 로드차일드와 스컬프트 더 퓨처 재단, 그리고 스벤 린드블라드와 린드블라드 익스피디션(여기에서 도와주지 않았더라면 아직까지 남극에 못 갔을 것이다)에도 감사의 말씀을 드린다.

깨고 나가야 할 벽이 있을 때마다 그 벽을 깰 용기를 준 제리 살츠, 흔들리지 않는 지지와 지원을 보내준 마리아 포포바, 내 프로젝트를 세상에 처음 알려준 티나 로스 아이젠버그, 내 프로젝트에 대해 강연할 기회를 처음 마련해준 젤(GEL) 컨퍼런스의 마크 허스트에게 고마움을 전한다. 소셜 펀딩 킥스타터와 브루클린 예술 협회에서 나를 지원해준 분들, 나와 함께 험난한 여정을 수행한 마미야 7 II 카메라를 손봐주고 꼭 필요한 장비와 도구를 마련해준 맥 그룹, 내가 남극에서도 체온을 유지할 수 있게 해준 의류회사 파타고니아에도 감사를 전한다.

수천 장의 사진을 편집하느라 씨름하는 내내 예리한 감식안과 놀라운 유머 감각으로 임해준 뉴욕현대미술관의 크리스티나 코스텔로에게 경의를 표한다. 또 광범위하고 복잡한 프로젝트를 실물 형태로 만들어준 시카고 대학 출판부에 감사를 전한다. 특히 이 일을 시작하게 해준 캐롤라인 짐머만과 끝까지 끌고 가준 캐서린 플린에게 감사의 마음을 전한다. 의무감에서가 아니라 기꺼이 이 책을 위해 나서준 데비 밀먼, 클레어 미스코, 아그네즈카 가스파카, 루벤 구차트에게도 사의를 표한다. 또한 출장지 곳곳에서 나를 도와준 서니 베이츠, 앤드류 로프먼, 토니아 스티드와 빅 본디, 마누 러시와 무쿨 파텔, 데이비드 로완, 베티나 코렉, 로버트 엘름스, 캐서린 키팅, 토드 씨의 가족과 친지들, 조앤 보린스타인, 찰리 멜처, 샤론 앤 리에게도 고마움을 전한다. 이들의 조언과 우정과 친절이 없었다면 내 취재 여정은 완전 딴판이 되었을 것이다.

끝으로, 일본 초청 기간을 연장해줘서 이 프로젝트가 시작될 수 있게 해준 미미 오카, 준 마키하라에게 감사를 전한다. 또 홀로 여행하는 내게 말을 붙여주어 내가 삶의 경로를 바꾸는 데 일조한 제이슨 그레이스톤과 마키 이토에게 고마움을 전한다.

연구자들, 안내인들, 손님들, 그리고 "조금씩 헤치고 나아가는" 방법

GIANT SEQUOIA

• page 45

RESEARCHER
Nate Stephenson

BRISTLECONE PINE

• page 52

RESEARCHERS
Tom Harlan, Matthew Salzer

ADDITIONAL INFORMATION
Peter Brown

CREOSOTE BUSH

• page 64

RESEARCHER
Larry Le Pre

GUIDE (2006)
Art Basulto

ON-SITE GUESTS (2012)
Palmer's Oak Researchers

MOJAVE YUCCA

• page 68

RESEARCHER
Larry Le Pre

GUIDE (2006)
Art Basulto

ON-SITE GUESTS (2012)
Palmer's Oak Researchers

HONEY MUSHROOM

• page 76

RESEARCHERS
Brennan Fergenson, Craig Schmitt, Mike Tatum, Jim Lowrie

CESSNA PILOT
Don Davis

BOX HUCKLEBERRY

• page 87

BACKGROUND INFORMATION
Stephen Wacker / Tuscarora State Forest

GUIDE
Jim Doyle

ON-SITE GUEST
Shirley Fergenson

PALMER'S OAK

• page 92

RESEARCHERS AND GUIDES
Andy Sanders, Mitch Provance

RESEARCHER
Jeffrey Ross-Ibarra

ON-SITE GUEST (FILMING)
Marie Regan

PANDO

• page 102

RESEARCHER
Michael Grant

THE SENATOR

· page 110

GUIDE (2012)
Jim Duby

HOST (2007 & 2012) AND ON-SITE GUEST
Rachel Simmons

MAP LICHENS

· page 118

RESEARCHER
Eric Hansen Steen

GUIDE
Martin Bay Hebsgaard

ARCHEOLOGICAL COORDINATION
Christian Koch Madsen

AD HOC WILDERNESS SURVIVAL TRAINING
Martin Appelt

LLARETA

· page 132

GUIDE
Eliana Belmonte

DRIVER
Marisol González

HOSTS (SANTIAGO)
Javier Brstilo & Bruna Truffa

ALERCE

· page 142

RESEARCHER
Antonio Lara

GUIDE
Jonathan Barichivich

HOSTS (SANTIAGO)
Javier Brstilo & Bruna Truffa

BRAIN CORAL

· page 154

DIVE MASTER
Keith Darwent

ON-SITE GUEST
Robert Elmes

FORTINGALL YEW

· page 160

CHESTNUT OF 100 HORSES

· page 166

FIXER
Valentina Caltabiano

GATEKEEPER
Alfio

POSIDONIA SEA GRASS

· page 174

RESEARCHER AND GUIDE
Núria Marbà

ON-SITE GUEST
Robert Elmes

OLIVE

• page 183

ON-SITE GUEST
Robert Elmes

SPRUCE

• page 191

RESEARCHER
Leif Kullman

ON-SITE GUEST
Lisa Sussman

JŌMON SUGI

• page 208

GUIDES
Jason Grayston & Maki Ito

HOSTS (YAKUSHIMA)
Makoto & Teruko Oka

HOSTS (TOKYO)
Mimi Oka & Jun Makihara

SRI MAHA BODHI

• page 215

RESEARCHERS
Suranjan Fernando,
Thilo Hoffman

DRIVER
Siva

A LITTLE HELP FROM YOUR FRIENDS
Laura & Widgitha Bandara, Tina Roth Eisenberg,
Sujatha Meegama & Ian MacDonald,
Ananda & Indrani Meegama

SIBERIAN ACTINOBACTERIA

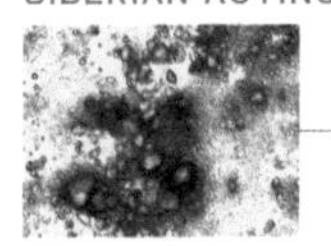

• page 222

RESEARCHERS
Sarah Stewart Johnson,
Martin Bay Hebsgaard

BAOBAB

• page 231

RESEARCHER
Hugh F. Glen

GUIDE
Diane Mayne

HOSTS (JOHANNESBURG)
Diana Mayne & R. S. Wicks

ON-SITE GUEST
Christine McLeavey

UNDERGROUND FORESTS

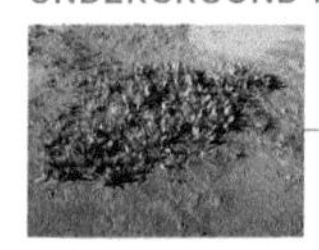

• page 242

RESEARCHER
Braam van Wyk

HOSTS (JOHANNESBURG)
Diana Mayne & R. S. Wicks

ON-SITE GUEST
Christine McLeavey

WELWITSCHIA

• page 248

RESEARCHER
Ernst van Jaarsveld

GUIDE
George

FIXER
Nicole Voland

ON-SITE GUESTS
Rachel Holstead, Christine McLeavey

ANTARCTIC BEECH

• page 264

RESEARCHER AND GUIDE
Bob Price

HOSTS (GOLD COAST)
John & Joy Carbines

HOSTS (SYDNEY)
Robert Todd & Sandra Domelow

TASMANIAN LOMATIA

• page 267

RESEARCHER
Jayne Balmer

GUIDE (ROYAL TASMANIAN BOTANICAL GARDEN)
Lorraine Perrins

HOSTS (HOBART)
Kathy Allen & family

HUON PINE

• page 274

RESEARCHERS
Kathy Allen, Geoff Downes,
David Drew, Mike Peterson

HOSTS (HOBART)
Kathy Allen & family

RARE EUCALYPTUS (NSW)

• page 282

RESEARCHER AND GUIDE
John Briggs

HOSTS (SYDNEY)
Robert Todd & Sandra Domelow

EUCALYPTUS (WA)

• page 288

RESEARCHER
Kingsley Dixon

HOSTS (PERTH)
David & Ros Todd

STROMATOLITES

• page 294

GUIDE
Ross Mack

INVALUABLE HELP
Kingsley Dixon, Gavin Price, David Todd

HOSTS (PERTH)
David & Ros Todd

ELEPHANT ISLAND MOSS

• page 312

RESEARCHERS
Svante Björck, Christian Hjort

SHIP
Lindblad Expeditions/National
Geographic Explorer

GUEST
Peter Hillary

SOUTH GEORGIA MOSS

• page 317

RESEARCHER
Nathalie Van der Putten

SHIP
Lindblad Expeditions/National
Geographic Explorer

GUEST/SEAL BODYGUARD
Stephanie Martin

용어 설명

고세균 고세균 역을 구성하고 있는 원시 생명체로, 박테리아 역, 진핵생물 역과 구분되는 별도의 생물군이다. 고세균은 다른 생물들과 다른 독자적인 진화 경로를 밟아온 것으로 추정된다. 원핵생물로, 핵이 없고 세포막으로 둘러싸인 세포 기관도 없다. 항상 그런 것은 아니지만 극단적인 환경에서 사는 경우가 많다.

박테리아 고세균 역, 진핵생물 역과 별도로 박테리아 역을 구성하고 있다. 원핵세포의 단세포 생물로, 알려진 지구상의 거의 모든 환경에서 다양한 형태와 모양으로 발견된다.

복제 군락지 유전적으로 동일한 식물, 박테리아, 혹은 균류가 암수의 수분이 아닌 무성 번식이나 세포 분열을 통해 생장해 군락을 이루고 있는 것.

나이테 연대 측정법 나이테의 패턴이나 성장 상태를 보고 개별 나무의 연령을 측정하는 방법. 신뢰도가 높다.

진핵생물 진핵생물 역을 구성하고 있는 생물들로, 단세포도 있고 다세포 생물도 있다. 유전 정보를 담고 있는 핵, 그리고 내장 기관의 역할을 하는 세포 기관을 세포막이 둘러싸고 있는 형태의 세포 구조가 특징이다. 식물계, 동물계, 균계, 점균류 등이 모두 진핵생물에 속한다.

호극성균 대부분의 생명체에는 치명적일 법한 극단적 환경에서 잘 자라는 미생물을 통칭해 부르는 말이다. 극단적인 기온, 압력, 산성도, 알칼리도, 염도 등에서 번성할 수 있는 이들의 능력은 (어쩌면 우주에서 왔을 수도 있는) 지구상에서 생명의 기원을 알아내는 데에 실마리가 될 수도 있을 것으로 기대된다.

리그노투버 화재로 불에 타기 쉬운 나무나 관목에서 주로 발견되는데, 줄기 안쪽에 싹과 양분을 저장해두었다가 열악한 환경이나 사고의 시기가 지나가면 새로운 줄기가 싹을 틔울 수 있게 해주는 구조다.

지의계측법 지의류의 성장률과 성장 패턴을 측정해 해당 지역(가령, 고고학 발굴

지)의 시대를 추산하는 기법. 방사성 탄소법으로는 측정하기 어려운, 상대적으로 최근의 시기를 측정하는 데에 유용하다.

원핵생물 일반적으로 단세포 생물이며(항상 그런 것은 아니다) 핵이 없는 세포 구조가 특징이다. 모든 구성 원소들은 외세포막으로만 둘러싸여 있다.

방사성 탄소법 유기 물질의 연대를 측정하기 위해 널리 사용되는 과학적 방법. 탄소14연대법 또는 탄소연대법이라고도 한다. 탄소14와 탄소12의 비율을 조사해서 구한다. 탄소14는 반감기가 5,700년이기 때문에 약 6만 년 이상의 연대를 측정하는 데에 유용하며, 더 최근의 연대 측정에는 크게 유용하지 않다.

나이테 연대기 여러 그루의 나무에서 나이테를 세는 방법으로 긴 시간 단위의 연대를 상당히 정확하게 측정할 수 있다. 예를 들면 2002년에 스웨덴에서 수행된 한 연구는 소나무들의 준화석 880개를 연구해서 7,400년의 나이테 연대기를 만들어 내었다. (7,400살 된 나무 한 그루에서 만들어낸 것이 아니다.)

단일 단위 생물 유전적으로, 그리고 신체 단위로 다른 개체와 구별되는 개별 개체.

무성 번식, 자가증식 씨앗이나 포자를 통한 암수 수분을 거치지 않고 새로운 개체를 만들어내는 것으로, 리좀화, 포기나누기, 덩이줄기 등의 방식으로 증식하는 것을 뜻한다. 자가증식을 하는 식물들은 시간이 지나면 복제 군락을 이룬다.

찾아보기

연대순 찾아보기

바오밥 나무 남아프리카공화국, 2,000살
웰위치아 나미비아, 2,000살
뇌산호 토바고, 2,000살
자이언트 세쿼이아 미국 캘리포니아 주, 2,150~2,890살
조몬 삼나무, 일본 삼나무 일본, 2,180~7,000살
알레르세 칠레, 2,200살
남극 이끼 사우스조지아 섬, 2,200살
스리마하 보리수 스리랑카, 2,294살 이상
꿀버섯 미국 오리건 주, 2,400살
스트로마톨라이트 호주 웨스턴오스트레일리아 주, 2,000~3,000살
올리브 나무 그리스 크레타 섬, 2,000~3,000살
포팅갈 주목 스코틀랜드, 2,000~3,000살
지도 이끼 그린란드, 3,000살
100마리 말의 밤나무 이탈리아 시칠리아,3,000살
야레타 칠레, 3000살
상원의원 나무, 대머리 사이프러스 나무 미국 플로리다 주, 3,500살 (사망)
브리슬콘 파인 미국 캘리포니아 주, 5,000살
남극 이끼 엘리펀트 섬, 5,500살
밀럽 말리 유칼립투스 호주 웨스턴오스트레일리아 주, 6,000살
박스 허클베리 미국 펜실베이니아 주, 9,000~1만 3,000살
가문비나무 스웨덴, 9,550살
휴언 파인 타즈마니아, 1만 500살
남극 너도밤나무 호주, 1만 2,000살
크레오소트 관목 미국 캘리포니아 주, 1만 2,000살
모하비 유카 미국 캘리포니아 주, 1만 2,000살
지하 삼림 남아프리카공화국, 1만 3,000살 (사망)
유칼립투스 호주, 1만 3,000살
파머 참나무 미국 캘리포니아 주, 1만 3,000살

타즈마니아 로마티아 타즈마니아, 4만 3,600살
판도, 사시나무 군락 미국 유타 주, 8만 살
포시도니아 해초 스페인, 10만 살
시베리아 방선균 40만~60만 살

생물군계별 찾아보기

극지 생물

남극 이끼, 사우스조지아 섬, 2,200살
남극 이끼, 엘리펀트 섬, 5,500살
지도 이끼, 그린란드, 3,000살
시베리아 방선균, 40만~60만 살

수중 생물

뇌산호, 토바고, 2,000살
포시도니아 해초, 스페인, 10만 살
스트로마톨라이트, 호주 웨스턴오스트레일리아 주, 2,000~3,000살

열대, 아열대 우림 생물

조몬 삼나무, 일본 삼나무, 일본, 2,180~7,000살
남극 너도밤나무, 호주, 1만 2,000살
스리마하 보리수, 스리랑카, 2,294살 이상

사막 생물

웰위치아, 나미비아, 2,000살
크레오소트 관목, 미국 캘리포니아 주, 1만 2,000살
모하비 유카, 미국 캘리포니아 주, 1만 2,000살
야레타, 칠레, 3,000살
파머 참나무, 미국 캘리포니아 주, 1만 3,000살

반건조 지역 생물 (관목수풀 지대와 사바나 지대 생물)

100마리 말의 밤나무, 이탈리아 시칠리아, 3,000살
올리브 나무, 그리스 크레타 섬, 2,000~3,000살
자이언트 세쿼이아, 미국 캘리포니아 주, 2,150~2,890살
밀럽 말리 유칼립투스, 호주 웨스턴오스트레일리아 주, 6,000살
지하 삼림, 남아프리카공화국, 1만 3,000살 (사망)
바오밥 나무, 남아프리카공화국, 2,000살

온대 삼림 지역 생물

포팅갈 주목, 스코틀랜드, 2,000~3,000살
상원의원 나무, 대머리 사이프러스 나무, 미국 플로리다 주, 3,500살 (사망)
박스 허클베리, 미국 펜실베이니아 주, 9,000~1만 3,000살
판도, 사시나무 군락, 미국 유타 주, 8만 살
휴언 파인, 타즈마니아, 1만 500살
유칼립투스, 호주, 1만 3,000살
타즈마니아 로마티아, 타즈마니아, 4만 3,600살
꿀버섯, 미국 오리건 주, 2,400살
알레르세, 칠레, 2,200살

아고산대 생물

브리슬콘 파인, 미국 캘리포니아 주, 5,000살
가문비나무, 스웨덴, 9,550살

옮긴이 김승진

서울대학교 경제학과를 졸업하고 《동아일보》 경제부와 국제부 기자로 일했다. 미국 시카고 대학교에서 사회학 박사 학위를 받았다. 옮긴 책으로 『20 VS 80의 사회』『계몽주의 2.0』『기울어진 교육』『건강 격차』『친절한 파시즘』『물건 이야기』『하찮은 인간, 호모 라피엔스』 등이 있다.

나무의 말

펴낸날 초판 1쇄 2015년 6월 20일
신판 2쇄 2024년 2월 6일
지은이 레이첼 서스만
옮긴이 김승진
펴낸이 이주애, 홍영완
편집 오경은, 양혜영, 백은영, 장종철, 김송은
마케팅 김태윤, 진승빈, 김소연
디자인 박아형, 김주연
펴낸곳 (주)윌북
출판등록 제2006-000017호
주소 10881 경기도 파주시 광인사길 217
홈페이지 willbookspub.com
전화 031-955-3777 **팩스** 031-955-3778
블로그 blog.naver.com/willbooks **포스트** post.naver.com/willbooks
트위터 @onwillbooks **인스타그램** @willbooks_pub
ISBN 979-11-5581-283-9 03470

- 책값은 뒤표지에 있습니다.
- 잘못 만들어진 책은 구입하신 서점에서 바꿔드립니다.